U0023187

管理品質與人力資源

作者：Barrie G. Dale 等

校閱：林英峰

譯者：李茂興、吳偉慈、林建江

弘智文化事業有限公司

Managing Quality & Human Resources:
A Guide to Continuous Improvement

Barrie G. Dale
Cary L. Cooper
Adrian Wilkinson

Chinese edition copyright © 2001

By Hurng-Chih Books Co.,LTD.

for sales in Worldwide

ISBN 957-0453-34-6

Printed in Taiwan, Republic of China

原書序

　　《全面品質和人力資源》（Total Quality and Human Resources）初版推出時廣受歡迎，我們知道該是著手出版《管理品質與人力資源》（Managing Quality and Human Resources）的時候了。本書介紹與更新了全面品質管理（TQM）最新的研究與發展，以及各項備受關注的後續研究之發展方向。本書所針對的讀者包括管理學院碩士班和大學部的學生、想要在完成學業以後考取TQM相關證照的學生、以及其他關心品質管理議題的從業人員與專家；此外，各大專院校和商學院與其他高等教育機構都會發現，在TQM的教學過程中使用本書將可以促進學習效果與獲得很大的樂趣。

　　如同在校學生將本書的第一版視為教材，我們希望第二版可以成為資深管理人員的實戰守則，並希望能為他們在組織內所遇到的各種品質問題提供解答或啟發。本書絕大部分的內容來自十多年來由企業總裁與資深經理人在UMIST品質管理中心所開設的全面品質管理之課程研究、跨公司的全面品質管理教學專案、以及參與TQM訓練及顧問課程的過程中所獲取的經驗與知識。也非常感謝Cary Cooper教授及其同事們在工業組織心理學，以及Wilkinson在TQM的人力資源部分所給予的幫助。

　　我們相信集合了在品質管理、人力資源、以及工業組織心理學的專家們的參與，使本書在TQM的領域中提供更多的深入探討，並且給予讀者們在以往的全面品質管理書籍中所未提及的流程改善問題。

第二版和第一版有何不同

在本書的第一版中，有很多的章節都將探討重點擺在追尋組織心理學給予TQM的啟示，而不是將重點擺在例如行為方面等較為軟性的議題。在第二版中這樣的情形獲得了很大的改善。書中所需要的材料經過了重新的篩選，以反映目前新的思考模式中與上述的軟性議題有關的部分。另外在第二版中還加入了一個新的章節，這個章節與實行TQM的主要方法有關，其中包含了自我學習、自我評量以及品質模範獎等等主題。

更明確地說，本書主要有下列幾個目標：

1. 對於持續性改善相關的議題提供深入的探討；
2. 描述資深經理人在TQM中所扮演的角色，並告訴這些資深經理人他們所應該做的事項；
3. 突顯與這些角色相關的常見失誤；
4. 檢視在介紹、發展以及推廣TQM過程中的關鍵因素；
5. 突顯在TQM中的軟性議題，以及在行為面所提供的啟示，並且提供資深經理人一些建議以促進這些方面的發展；
6. 加強TQM在技術面以及行為面的深度探討，以及在TQM的導入以及發展期間人們共同的工作需求，以促進大眾對於TQM的潛力有全面性的了解。

最後，在準備這本書的編輯工作時，我們致力於使讀者對於TQM的訓練以及TQM的重要性有更深入的認識。此外，我們也希望讀者可以體會我們在多元化方面所作的努力。

感 謝 詞

　　作者在準備撰寫本書時，從許多的研究成果中獲得靈感，在此特別向工程及物理科學學會（Engineering and Physical Science Research Council）、人力資源發展協會（Institute of Personnel and Development）和管理協會（Institute of Management）致謝。

　　作者也感謝提供部分工廠做為研究實驗場所的公司，允許我們在工廠裡進行研究，並同意本書可以引用該公司的研究數據。阿德連恩威金森在參訪昆士蘭科技大學時，得到許多協助並取得不少寫作的素材；此外，本書在草稿階段也承蒙許多先進的指教，使得全書更具可看性及參考性，在此一併致上誠摯的感謝。

　　作者阿德連恩威金森將本書獻給親愛的父母－布萊恩威金森與瑪格莉特威金森，感謝他們多年來的支持和栽培。

名詞縮寫表

AQL	允收品質水準	Acceptable Quality Level
ASQC	美國品質管制學會	American Society for Quality Control
BPR	企業流程再造	Business Process Re-engineering
BS	英國國家標準	British Standard
BSI	英國標準局	British Standard Institute
CBI	持續性改善	Continuous Business Improvement
CEO	總裁	Chief Executive Officer
CPI	製程能力指數	Process Capability Index
CQAD	企業品保部門	Corporate Quality Assurance Department
CWQC	全公司品質管制	Company-wide Quality Control
DTI	貿工部	Department of Trade and Industry
EFQM	歐洲品質管理基金會	European Foundation for Quality Management
EI	員工參與	Employee Involvement
EIF	錯誤確認表	Error Identification Form
EOQ	歐洲品質組織	European Organization for Quality
EPSRC	工程和物理科學研究協會	Engineering and Physical Sciences Research Council
FMEA	失效模式與影響分析	Failure Mode and Effects Analysis

EQA	歐洲品質獎	European Quality Award
FTA	瑕疵樹狀圖分析	Fault Tree Analysis
HR	人力資源	Human Resources
HRM	人力資源管理	Human Resources Management
IPM	人事管理協會	Institute of Personnel Management
ISO	國際標準化組織	International Organization for Standardization
JIT	及時化生產	Just In Time
JUSE	日本科工連	Union of the Japanese Scientist and Engineers
MBNQA	美國巴氏國家品質獎	Malcolm Baldridge National Quality Award
MD	管理部門主管	Managing Director
MITI	國際貿易暨產業部	Ministry of International Trade and Industry
OD	組織發展	Organizational Development
PDCA	PDCA循環	規劃Plan-執行Do-檢查Check-行動Act
PIMS	市場策略對獲利的影響	Profit Impact of Market Strategy
QC	品管圈	Quality Circle
QCD	品質、成本與運送	Quality, Cost and Delivery
QFD	品質機能展開	Quality Function Deployment
QM	品質管理	Quality Management
R&D	研究發展	Research and Development
RPQ	相對的感受品質	Relative perceived Quality
SMED	一分鐘換模法	Single Minute Exchange of Die

SMPC	統計製程控制	Statistical Process Control
STA	成功樹狀圖分析	Success Tree Analysis
SWOT	SOWT分析	Strengths, Weaknesses, Opportunities and Threats
TQC	全面品質控制	Total Quality Control
TQM	全面品質管理	Total Quality Management
TUC	貿易聯盟會議	Trade Union Congress
UMIST	曼徹斯特科學與科技大學	University of Manchester Institute of Science and Technology

企管系列叢書—主編的話

—黃雲龍—

　　弘智文化事業有限公司一直以出版優質的教科書與增長智慧的軟性書為其使命,並以心理諮商、企管、調查研究方法、及促進跨文化瞭解等領域的教科書與工具書為主,其中較為人熟知的,是由中央研究院調查工作室前主任章英華先生與前副主任齊力先生規劃翻譯的【應用性社會科學調查研究方法】系列叢書。此外,基於觀照社會與關懷工業文明侵襲下大眾的心理健康,弘智並將致力於推出【大眾社會學叢書】(由張家銘博士主編)與【心理學與諮商叢書】(由余伯泉博士與洪莉竹博士主編),前者包括《五種身體》、《社會的麥當勞化》、《認識迪士尼》、《國際企業與社會》、《網際網路與社會》、《立法者與詮釋者》、《社會人類學》等等,後者包括《人際關係》、《認知心理學》、《身體意象》、《醫護心理學》、《諮商概論》、《老化與心理健康》、《認知治療法》、《伴侶治療法》、《醫師的諮商技巧》、《教師的諮商技巧》、《社會工作者的諮商技巧》、《安寧醫護人員的諮商技巧》、《家族治療法》等等。

　　弘智出版社的出版品以翻譯為主,文字品質優良,字裡行間處處為讀

者是否能順暢閱讀、是否能掌握內文眞義而花費極大心力求其信雅達，相信採用過的老師教授應都有同感。

　　有鑑於此，加上有感於近年來全球企業競爭激烈，科技上進展迅速，我國又即將加入世界貿易組織，爲了能在當前的環境下保持競爭優勢與持續繁榮，企業人才的培育與養成，實屬扎根的重要課題，因此本人與一群教授好友（簡介於下）樂於爲該出版社規劃翻譯一套企管系列叢書，在知識傳播上略盡棉薄之力。

　　在選書方面，我們廣泛搜尋各國的優良書籍，包括歐洲、加拿大、印度，以博採各國的精華觀點，並不以美國書爲主。在範圍方面，除了傳統的五管之外，爲了加強學子的軟性技能，亦選了一些與企管極相關的軟性書籍，包括《如何創造影響力》《新白領階級》《組織變革與領導：平衡演出》，以及國際企業的相關書籍，都是極值得精讀的好書。目前已選取的書目如下所示（將陸續擴充，以涵蓋各校的選修課程）：

　　《生產與作業管理》（上）（下）
　　《管理概論：全面品質管理取向》
　　《國際財務管理：理論與實務》
　　《策略管理》
　　《策略管理個案集》
　　《國際管理》
　　《財務資產評價之數量方法一百問》
　　《平衡演出》（關於組織變革與領導）
　　《確定情況下的決策》
　　《資料分析、迴歸與預測》
　　《不確定情況下的決策》
　　《風險管理》

《新白領階級》

《如何創造影響力》

《生產與作業管理》（簡明版）【適合一學期的課程】

《組織行為管理》

《組織行為精要》【適合一學期的課程】

《全球化與企業實務》

《製造策略》

《全球化物流管理》

《策略性人力資源管理》

《管理品質與人力資源》

《人力資源策略》

《行銷管理》

《行銷策略》

《服務管理》

《認識你的顧客》

《行銷量表》

《財務管理》

《新金融工具》

《全球金融市場》

《品質概論》

《服務業的行銷與管理》

《行動學習法》

　　我們認為一本好的教科書，不應只是專有名詞的堆積，作者也不應只是紙上談兵、欠缺實務經驗的花拳秀腿，因此在選書方面，我們極為重視理論與實務的銜接，務使學子閱讀一章有一章的領悟，對實務現況有更深

刻的體認及產生濃厚的興趣。以本系列叢書的《生產與作業管理》一書為例，該書為英國五位頂尖教授精心之作，除了架構完整、邏輯綿密之外，全書並處處穿插圖例說明及140餘篇引人入勝的專欄故事，包括傢俱業巨擘IKEA、推動環保理念不遺力的BODY SHOP、俄羅斯眼科怪傑的手術奇觀、美國旅館業巨人Formule1的經營手法、全球運輸大王TNT、荷蘭阿姆斯特丹花卉拍賣場的作業流程、世界著名的巧克力製造商Godia、全歐洲最大的零售商Aldi、德國窗戶製造商Veka、英國路華汽車Rover的振興史，讀來極易使人對於生產與作業管理留下深刻印象及產生濃厚興趣。

　　我們希望教科書能像小說那般緊湊與充滿趣味性，也衷心感謝你（妳）的採用。任何意見，請不吝斧正。

　　我們的審稿委員謹簡介如下（按姓氏筆劃）：

朱麗麗

主修：美國俄亥俄州立大學哲學博士

專長：教育科技

現職：國立體育學院 教育學程中心 副教授

經歷：國中教師

　　　　教育部 助理研究員

　　　　台灣省國民學校教師研習會 副研究員

尚榮安　助理教授

主修：國立台灣大學商學研究所 資訊管理博士

專長：資訊管理、策略管理、研究方法、組織理論

現職：東吳大學企業管理系助理教授

經歷：屏東科技大學資訊管理系助理教授、電算中心教學資訊組組長

　　　　（1997-1999）

吳學良　博士

主修：英國伯明翰大學 商學博士

專長：產業政策、策略管理、科技管理、政府與企業等相關領域

現職：行政院經濟建設委員會，部門計劃處，技正

經歷：英國伯明翰大學，產業策略研究中心兼任研究員（1995-1996）

　　　行政院經濟建設委員會，薦任技士（1989-1994）

　　　工業技術研究院工業材料研究所，副研究員（1989）

林曾祥　副教授

主修：國立清華大學工業工程與工程管理研究所 資訊與作業研究博士

專長：統計學、作業研究、管理科學、績效評估、專案管理、商業自
　　　動化

現職：國立中央警察大學資訊管理研究所副教授

經歷：國立屏東商業技術學院企業管理副教授兼科主任（1994-1997）

　　　國立雲林科技大學工業管理研究所兼任副教授

　　　元智大學會計學系兼任副教授

林家五　助理教授

主修：國立台灣大學商學研究所組 織行為與人力資源管理博士

專長：組織行為、組織理論、組織變革與發展、人力資源管理、消費
　　　者心理學

現職：國立東華大學企業管理學系助理教授

經歷：國立台灣大學工商心理學研究室研究員（1996-1999）

侯嘉政　副教授
主修：國立台灣大學商學研究所 策略管理博士
現職：國立嘉義大學企業管理系副教授

高俊雄　副教授
主修：美國印第安那大學 博士
專長：企業管理、運動產業分析、休閒管理、服務業管理
現職：國立體育學院體育管理系副教授、體育管理系主任
經歷：國立體育學院主任秘書

孫　遜　助理教授
主修：澳洲新南威爾斯大學 作業研究博士（1992-1996）
專長：作業研究、生產/作業管理、行銷管理、物流管理、工程經濟、
　　　統計學
現職：國防管理學院企管系暨後勤管理研究所助理教授（1998）
經歷：文化大學企管系兼任助理教授（1999）
　　　明新技術學院企管系兼任助理教授（1998）
　　　國防管理學院企管系講師（1997-1998）
　　　聯勤總部計劃署外事聯絡官（1996-1997）
　　　聯勤總部計劃署系統分系官（1990-1992）
　　　聯勤總部計劃署人力管理官（1988-1990）

黃正雄　助理教授
主修：國立台灣大學商學研究所 商學博士
經歷：法國興業銀行經理
現職：長庚大學企管系

黃家齊　助理教授

主修：國立台灣大學商學研究所 商學博士

專長：人力資源管理、組織理論、組織行為

現職：東吳大學企業管理系助理教授、副主任，東吳企管文教基金會
　　　執行長

經歷：東吳企管文教基金會副執行長（1999）
　　　國立台灣大學工商管理系兼任講師
　　　元智大學資訊管理系兼任講師
　　　中原大學資訊管理系兼任講師

黃雲龍　助理教授

主修：國立台灣大學商學研究所 資訊管理博士

專長：資訊管理、人力資源管理、資訊檢索、虛擬組織、知識管理、
　　　電子商務

現職：國立體育學院體育管理系助理教授，兼任教務處註冊組、課務
　　　組主任

經歷：國立政治大學圖書資訊學研究所博士後研究（1997-1998）
　　　景文技術學院資訊管理系助理教授、電子計算機中心主任
　　　（1998-1999）
　　　台灣大學資訊管理學系兼任助理教授（1997-2000）

連雅慧　助理教授

主修：美國明尼蘇達大學人力資源發展博士

專長：組織發展、訓練發展、人力資源管理、組織學習、研究方法

現職：國立中正大學企業管理系助理教授

許碧芬 副教授
主修：國立台灣大學商學研究所 組織行為與人力資源管理博士
專長：組織行為/人力資源管理、組織理論、行銷管理
現職：靜宜大學企業管理系副教授
經歷：東海大學企業管理學系兼任副教授（1996-2000）

陳禹辰
主修：國立中央大學資訊管理研究所博士
現職：私立東吳大學企業管理系助理教授
經歷：任職資策會多年

陳勝源 副教授
主修：國立臺灣大學商學研究所 財務管理博士
專長：國際財務管理、投資學、選擇權理論與實務、期貨理論、金融
　　　機構與市場
現職：銘傳大學管理學院金融研究所副教授
經歷：銘傳管理學院金融研究所副教授兼研究發展室主任（1995-
　　　1996）
　　　銘傳管理學院金融研究所副教授兼保險系主任（1994-1995）
　　　國立中央大學財務管理系所兼任副教授（1994-1995）
　　　世界新聞傳播學院傳播管理學系副教授（1993-1994）
　　　國立臺灣大學財務金融學系兼任講師、副教授（1990-2000）

劉念琪 助理教授
主修：美國明尼蘇達大學人力資源發展博士
現職：國立中央大學人力資源管理研究所助理教授

謝棟樑　博士

主修：國立台灣大學商學研究所 資訊管理博士

專長：資訊管理、策略管理、財務管理、組織理論

現職：行政院經濟建設委員會

經歷：國立台灣大學資訊管理系兼任助理教授（1999-2001）

　　　文化大學企業管理系兼任助理教授

　　　證卷暨期貨發展基金會測驗中心主任

　　　中國石油公司資訊處軟體工程師

　　　農民銀行行員

謝智謀　助理教授

主修：美國Indiana University公園與遊憩管理學系休閒行為哲學博士

專長：休閒行為、休閒教育與諮商、統計學、研究方法、行銷管理

現職：國立體育學院體育管理學系助理教授、國際學術交流中心執行

　　　秘書、中國文化大學觀光研究所兼任助理教授

經歷：Indiana University 老人與高齡化中心統計顧問

　　　Indiana University 體育健康休閒學院統計助理講師

目　錄
....

第一章

全面品質管理簡介

概論

　　在當今競爭性日趨激烈的全球市場中，消費者對產品和服務品質提昇的要求愈來愈高；不過相反地，他們想付的錢卻不見得愈來愈多。要滿足顧客的需求，就必須持續改進組織內各項商業活動，把著眼點完全放在顧客身上。這也就是為什麼本章的重點—品質及其管理會被許多機構視為增進競爭力的重要方法。本章將介紹何謂全面品質管理（Total Quality Management, 以下簡稱TQM），在此提及的許多觀念在本書後面的章節會有詳盡說明。

　　首先，我們要檢驗「品質」的各種定義，因此我們得去探究，為何品質在過去十年間變得如此重要。品質觀念的演進是從檢驗、品質控制和品質保證然後進入TQM的階段。從這個演進過程中我們可以發現到品質的觀念已經由「找出瑕疵」進步到「避免瑕疵」，兩種觀念的優劣之分非常明顯。我們從一個資深經理人的角度，不但可以發現到TQM的組成要素，也可以從中了解實行TQM的好處。

何謂品質？

　　現在大家都很熟悉「品質」這個名詞，然而用法不同，品質就會有不同的定義。在許多商業的場合中，品質這兩個字可能已經被濫用。舉例來說，當一群人準備一場說明會時，無論目的是為了吸引更多的資金、維持

組織運作或是強調本身的優越性，「品質」一定是最常被提及的字。

　　很多人都說自己了解品質，他們通常會說「品質好不好，我一看就知道」。然而這只是感官或直覺上的品質，這類的定義不但不專業，甚至可說是外行人的用語，因為他們根本沒想到品質是有其操作性定義的。對一般人而言，品質的概念很難以理解與掌握，他們只看到各種模糊的定義和迷思。

　　從語意學來看，品質（Quality）一字源自於拉丁文 Qualis，意思是事物的本質。在國際間對品質有一公認的定義：

　　（品質是）一個實體所表現出來的各種特性（特徵）的總和，這些特性都必須能滿足某種外顯或內隱的需求（**BS EN ISO 8402, 1995**）。

　　現代的商業世界中，品質的定義不見得能放諸四海而皆準。在此姑且不討論各種定義所使用的場合，品質的概念仍能用來凸顯某個組織、機構、產品、服務、流程、個人、傳播方式等與他人的區隔。為了避免誤解，在定義品質的時候應該考慮下面幾點：

- 使用品質二字的人必須對於品質有清晰又完整的認識與了解。
- 進行溝通時，對方必須對品質有類似的認知。
- 為了使全公司上下都能把焦點放在同一個目標上，對於品質的定義必須取得同仁間普遍的認同。例如 Betz Dearborn Ltd. 公司將品質定義為：「給顧客完全的滿意」，英國的 Rank Xerox 公司對品質的定義則是：「提供給顧客的產品與服務都能滿足他們的要求」。

　　以下將介紹幾種定義品質的方法。

質化觀點

以質化的觀點來談品質，通常都是在非技術性情境下；BS EN ISO 8402（1995）認為品質是一種相對的概念，任何公司或團體均以其相對的優越性與其他團體比較、排序。以下為部分範例：

- 利用廣告標語以協助建立企業形象：Esso－工作的品質，Hayfield Textiles－品質的承諾，Kenco－優越的品質，Philip Whirlpool－將品質帶進生活，Thomson Tour Operator－湯姆森產品的品質讓世界變得不同。
- 電視或廣播評論員用語：高品質玩家，高品質的目標，高品質的實驗。
- 經理人和經理人用語：優質的績效、溝通品質
- 大眾用語：優質產品、頂級品質、高級、原創品質、溝通品質、品質管理人員、品質流失、德國品質與100%的品質。

我們發現，對品質二字的使用是相當主觀的，而且其定義也受到濫用。舉例來說，許多店都標榜「品質認同」，甚至還有商店高掛「最佳品質認同」的布條。最近有一台客貨兩用車因為採用了「高品質耐磨輪胎」為廣告標語而吸引了大眾的目光。

量化觀點

依BS EN ISO 8402（1995），品質標準（Quality Level）與品質測量（Quality Measure）這兩個專業術語，主要用於以「量化觀點」來進行的精確技術評量。

允收品質水準（Acceptable Quality Level, AQL）是目前某些商業環境還在使用的傳統量化名詞，特別用於抽樣檢驗的時候。BS 4778第二章（1991）認為：當生產一系列的商品時，抽樣檢驗所用的品質水準就是限制整個品質管理的因素。也就是說一種商品的品質是以生產過程中不合格產品的比例來評量的（又稱之為不良率，The Degree of Imperfection）。

允收品質標準通常是客戶在簽約程序時向供應商提出；客戶屆時會依據適合的樣本分類表，檢驗一批批的進貨。如果樣本中所發現的瑕疵超過一定數量，整批貨品將全數退還給供應商，或依客戶原本的要求重新挑出合適的產品。一直到現在還有企業誤以為要做到產品零缺點的花費太大，而寧可繼續採用最低品質標準的作法。

允收品質標準在精神上就違反所謂「第一次就做對」（Right at the First Time）的工作態度，企業一旦容許在生產和交貨時可以有一定程度的品質不符，就意味著組織可以接受犯錯，這與錯誤的計畫沒有什麼兩樣。舉例來說，假設一個產品經3000個步驟後終於完成，而最低品質標準是1%，代表計劃中這項產品可以含有30個不合格的零件。在現實生活中，因為所選取的樣本並不可知，不符合的數量還會更多，這也注定這批貨品被接受或退回的命運。顯而易見地，現今的商業環境無法接受這種情形，不良率的概念沒有生存空間。

產品特性一致性或服務水準一致性

在生產作業環境中，如果產品能夠符合設計規格或在可容許的誤差範圍內，都是屬於可接受的產品；相反地，如果產品與規格不符就屬於不良品（圖1.1）。

至於如何判斷在規格邊緣的產品是否合格則無關緊要（通常一律視為合格）。因此有時候，這種決定合格與否的過程，會被質疑是否有科學依據

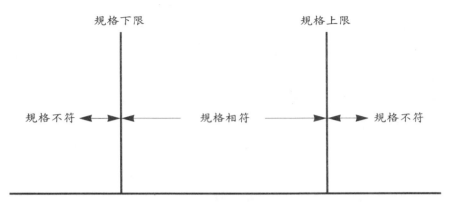

規格下限　　　　　　　　規格上限

規格不符　◄───►◄───　規格相符　───►───►　規格不符

圖1.1　規格相符與規格不符的兩難

或效力。

　　設計人員在設定規格限制時，對產品或服務的生產及運送流程通常沒有足夠的了解，因此常常可以看見計畫與作業部門的同事對規格和容忍範圍的定義無法達成共識，並常援用過時資料來討論。計畫人員會要求較小的容錯範圍來確保品質；而實際生產和作業人員發覺容錯範圍太小，難以執行，進而又要求放寬標準。很多時候，設計和製造部門意見無法適度交流，因而發生很多問題。在同步工程（Concurrent Engineering）的運用逐漸廣為人所接受以後，這樣的困境慢慢的獲得改善。

　　規格限制經常導致可容忍誤差不一致，造成產品在最後的組合階段不能完全吻合，也增加訂定規格限制的困難度。最極端的例子就是，某零件符合規格限制的下限，卻無法與符合規格上限的零件進行組合。如果能控

同步工程（Concurrent Engineering; SE/CE）是管理的新競爭工具。這個語言的初始概念是將傳統二軌道生產方式整合為併行工程（Parallel Engineering）。這種方法是由生產技術部門統合，從生產上游之研究，開發與設計，因應新產品開發期間縮短化的需求，採取自動化型態生產，所以必須與上游之設計管理聯結，這就是，將生產技術與設計加以統合的「同步工程」。見「羅啟源，同步工程技術工具於營建業應用實証研究，國立台北技術學院工業工程技術系」。

制過程，讓零件在製造時都在適當的可容忍誤差範圍內（圖1.2），問題就不會產生，最後組合出規格正確產品的機會就會增加。

田口（Taguchi）（1986）提出減低零件特性和生產過程變數的變異以貫徹生產目標的觀念，他說，「從產品運送那一刻開始，產品的品質是產品帶給對社會的（最小）損害。」這個概念可由損害二次曲線看出，所有的損害包括：客戶不滿、保證成本、信譽毀損，最糟糕的是失去市場佔有率。

設計規格和製程變異之間的關係，可用能力指數（Capability Index）來量化，例如，Cp就是製程變異的指標：

$$Cp = \frac{總規格的範圍}{製程變異的範圍}$$

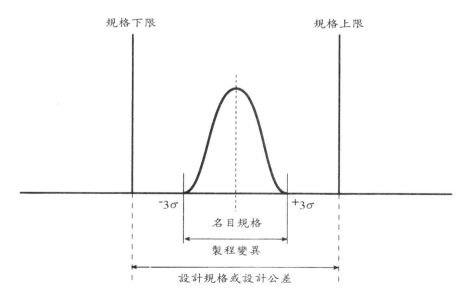

圖1.2　設計公差以及製程變異之間的關係

符合雙方認同的要求

克羅斯比（Crosby, 1979）提出品質定義，他認為，品質並非由比較而來，同時世上也沒有所謂的高品質或低品質，抑或以完善、感覺、卓越和豪華來代表品質；符合需求的產品或服務即為品質，反之則不然。換句話說，品質是一種特性（用來與標準或參考點相比，以評斷對錯），而非變數（一種被測量的特性）。克羅斯比表示，對品質的要求就是達成符合客戶期待的產品和（或）運送服務所採取的一切行動；而確保在企業中制訂出合適又詳細的需求，是管理階層的責任。

有些產品在設計上非常複雜，但卻一點都不符合客戶的需求；某些產品則設計得很簡單，卻相當符合客戶需求。「品質設計」（產品或服務的設計能達成目標的程度）與「品質符合」（產品與服務如何與設計契合）常被混淆，這樣的混淆使經理人相信達成高品質即代表高成本投入。這種觀點源自於對品質和等級的混淆不清，等級代表附加的特色和特質，用以滿足客戶額外的需求，當然，也得付出額外的費用；但等級與品質的差別是可見的，高級的產品或服務不見得能符合需求，因此客戶也可能會不滿意。

目的／用途的適宜性

此為品質的標準定義，首先由裘藍（Juran, 1988）提出。裘藍將「目的／用途的適宜性」分類為：設計品質、完成度，以及能力與服務，著眼於用途的適宜性可以防止產品不合規格的情況。不符規格會大幅增加製造成本，同時將不利於「在第一次就做好」的表現。當然，產品和服務的適宜性最後還是要由買家、客戶和使用者判斷。

滿足客戶期望和了解其當前與未來的需求

最能夠反映出企業對上述的品質觀點的一個最基本定義，可以從迪爾朋（Betz Dearborn）提出的定義看出，他說品質是：

產品與（或）服務的特性，這些特性在顧客了解後，會覺得產品與（或）服務具有吸引力，並且可以滿足他們的需求。

這個定義的重點在於品質可以提昇或增加產品／服務的價值。

這個觀念正是TQM的核心，也要求經營者要有足夠且有效的策略，使產品／服務能滿足顧客，並且吸引顧客再次光顧購買相同的產品／服務。顧客是企業組織得以存續的主要原因，因此顧客的再度光臨與其忠誠度是評量企業是否成功的標準。在大部份的情況下，客戶面對一種商品通常有很多選擇，如果廠商的表現不能達到品質的要求，他們就沒有必要再下訂單，客戶不可能為了保持對某個廠商的忠誠度而危害自己公司的利益。優秀的公司經常提供客戶程序改進的建議，使該公司能成為其客戶的唯一供應廠商，並且透過工作程序的改善提昇產品價值與公司形象。歐洲品質管理基金會（European Foundation for Quality Management, EFQM）的顧客忠誠度研究小組（Customer Loyalty Team）報告中指出，在全球激烈競爭的環境中，產品區隔不明、差異性的減少，單單是滿足顧客可能還無法帶動企業的成長和收益，還必須掌握客戶的忠誠度，了解忠誠度的定義、忠誠度產生的原因、如何測量忠誠度以及找尋改進客戶的忠誠度的辦法。

持續性品質改進過程的重心完全是放在顧客的定位上，許多公司的經營理念只是為了滿足顧客的感覺。一個優秀的企業組織不僅要滿足客戶，還需更進一步地超越客戶的需求，作的比客戶要求的更多。有些公司不僅

強調要贏得客戶的信賴、要「擁抱客戶」，甚至還要使客戶「著迷」。這些作法的重要性在於，一旦你做的比客戶要求的多時（如在飛機上提供第二杯紅酒、營業員為客戶開門、提供協助、並給予詳盡的資訊），客戶會因為你的舉動而產生正面的印象。

　　這類的企業組織還會花工夫去參與客戶未來的需求；在持續維持良好合作關係的情況下，協助客戶開發長程計畫，以掌握客戶將來的需求與期望。這種公司會仔細傾聽客戶和產品使用者的觀感，以蒐集客戶的實際感覺與體驗。他們的目標是把品質加入其產品、服務和其流程中，使每個步驟與程序都能讓客戶感到滿意。

　　為了滿足客戶的期望與需求，公司要建立一套制度，使公司和客戶間雙向資訊的流通能保持順暢，這點對持續改進服務品質來說非常重要。然而這樣的制度還很欠缺，例如，許多銀行對於客戶的抱怨到現在就尚未建立制度來蒐集、整理，客戶的抱怨往往流向分行的櫃檯，然而分行的權限經常不能解決這些抱怨又沒有管道向總行回報，使總行對於客戶的抱怨毫不知情。針對資訊流通的障礙，公司必須掌握下面幾個問題：

- 在滿足客戶的期望上，公司做了何事？做得如何？
- 客戶最關切的問題為何？
- 客戶主要的抱怨為何？
- 客戶會提出的改進要求為何？
- 公司如何在產品或服務上附加價值？
- 對於客戶提出的要求，公司有何行動？
- 如何使公司在市場上獨樹一格？

　　現代改善品質的趨勢是提昇與客戶接觸的層次，這種與客戶接觸的「真實時刻（Moment of Truth）」（Carlzon, 1987）經常發生在商業、公家單位、市政單位和服務業，在製造業比較少見。提昇層次的方法包括：

- 客戶工作研討會；
- 小組會議與診斷；
- 焦點團體；
- 客戶訪談；
- 市場研究；
- 經銷商資訊；
- 問卷調查；
- 產品報告；
- 產品追蹤；
- 商展；
- 偽裝成顧客前往消費。

　　了解客戶的聲音之後，公司要立即制訂適當的策略和採行正確的行動，以完成必要的變動與改善。另外要分析客戶對某項產品／服務感興趣的原因，找出關鍵要素並加以確認。客戶所要求的品質（也就是顧客的需求）必須轉換成企業內部的需要，並且轉達到公司的每個階層，把它化爲可測量、實際可行而且有可能達成的目標。品質機能展開（Quality Function Deployment, QFD）是一種界定目標的管理工具，可以掌握使客戶滿意的每個層面。顧客的需要與需求不停在變，公司必須符合顧客的期望，這項工作沒有完成日期，因爲顧客的期望是永遠不可能完全滿足的。

品質的重要性何在？

　　回答這個問題之前，請先回想自己曾經遭遇過的經驗，當客戶不滿意

時對方給你的難堪、事後的補救措施及其他種種後果，答案就在此。Mattson 和幾位同事曾整合一些統計數字，發現一些現象（CMC Partnership Ltd, 1991）：

- 如果有 20 個顧客對服務不滿意，其中 19 個不會告訴你，14 個會找其他公司。
- 每個不滿意的顧客平均會向 10 個人敘述自己的經驗，12% 的人會告訴 20 個人。
- 滿意的顧客會向 5 個人敘述自己的經驗。
- 吸引新客戶的費用是保持舊客戶的 5 倍。
- 90% 的不滿意客戶不會再度光顧，也不會透露原因。
- 在許多產業中，品質是讓一個公司領先其他競爭者的因素之一。
- 提供優質服務可以節省公司預算。因為用於提昇顧客滿意度的經費同樣對提昇員工生產力有直接相關。
- 顧客會為了得到好的服務付出更多的錢。
- 顧客不滿的地方如果能得到立即的答案與解決，他會重新變成忠誠的顧客。

以下的實例來自於調查所得到的資料，焦點乃在於顧客對於感受到的產品／服務品質的重視。

大眾對產品和服務品質的認知

1988 年，美國品質管制學會（American Society for Quality Control; ASQC）委託蓋洛普公司調查大眾對於品質和其他相關議題的看法。這是年度系列研究的第四年，第一年（1985 年）和第四年的研究著重在顧客；第二年及第三年則在於研究公司經營者的態度。1988 年的研究採用電話訪

問法，以三個月的時間訪問全美1005位成人，以下是研究結果摘要（Ryan, 1988; Hutchens, 1989）：

- 人們購買物品時考慮的因素（依比例排列）
    - 性能
    - 耐用程度
    - 便於維修、售後服務、保證書、使用簡便（這四個比例相同）
    - 價格
    - 外觀
    - 品牌
- 人們會付出高價購買他們認為是高品質的產品。
- 人們會為產品的某項優秀特質而付出高價。
- 人們認為高品質服務所應具備的條件（以比例排列）
    - 禮貌
    - 快速
    - 關心顧客需求
    - 服務態度
- 當顧客買到瑕疵品時，通常不願意向製造廠商反應。而本研究發現處理客戶抱怨、建議、詢問的能力，其實是產品與服務品質的重要指標，在客戶意見回饋上，仍有極大的鴻溝有待跨越。

　　美國品質管制協會和蓋洛普市調公司在1991年又進行一次調查，研究消費者的意見與態度，調查的國家包括日本、德國及美國。這次研究的重點在於探討消費者對品質的看法、品質如何影響消費行為、其他國家消費者對品質的看法、影響消費者購買舶來品的因素為何？這次研究的結果可視為1988年那次研究的更新版，同樣有超過1000人接受訪問。以下摘錄這次研究的幾項發現：

美國、日本與西德的消費者在品質的認知上相似性很高，1/5的
人會先看品牌，至少10%的人重視產品耐用程度。

當被問及影響購買決策的因素時，價格對西德及美國的民眾來說
是最重要的因素（西德：64%，美國：31%）；在日本則是性能
最重要（40%），其次是價格（36%）。

與1988年的研究結果比較，現在較多的美國消費者認為美國貨品
質較好（55%，1988年有48%）。

大多數（61%）美國消費者認為提供高品質的產品與服務對美國
勞工而言是非常重要的。

影響美國消費者購買德國貨或日本貨的原因主要是價格和品質。

資深經理人的觀點與角色

1992年，美國品質管制學會委託蓋洛普公司研究大型及小型企業中，
傳統經理人的領導方式。目的在於瞭解他們對於品質的看法及他們如何指
導部屬來改善品質。受訪的經理人約684位，下列則是這項研究的結論摘
要（Gallup Organization/ ASQC, 1992）：

10位受訪者中至少有6位認為他們的領導能影響顧客滿意度、品
質改善計畫、工作成效及改善盈收。

如果把完美品質當作10分，受訪者對美國貨的平均評分是7分，
33%的人評分超過8以上。

大部份的經理人認為管理工作比制訂品質政策更有利於公司。

45%的經理人指出董事會經常討論品質的議題。

43%的經理人表示，董事會在討論顧客滿意時經常（38%）提及
保住客戶及客戶忠誠度。

　　歐洲品質管理基金會（European Foundation for Quality Management, EFQM）聘請McKinsey and Company來研究歐洲前500大企業的總經理對品質管理的看法，共有150位受訪者，研究結果摘要如下（McKinsey and Company, 1989）：

- 超過90%的總經理認為產品的品質表現對其企業而言相當重要。
- 60%的總經理認為品質的觀念比以前（70年代）要重要許多。
- 品質觀念日益重要的原因包括品質是：
  - 最終客戶消費的主要動機
  - 降低成本的主要方法
  - 改善彈性及增加回應速度的主要手段
  - 節省在製時間的重要方法
- 17%的受訪者認為改善品質可以大幅增加營收。
- 85%的總經理認為經營品質是公司首要的工作。

　　Lasceller與Dale（1990）對74位英國境內公司的總經理進行研究，發現幾乎所有的受訪者都認為品質是提昇競爭力的重要因素，有半數的受訪者指出，他們是在最近4年內才開始有這種想法的。

品質無法討價還價

　　產品或服務在價格或運送過程如果有問題，公司可能就會因賠償而造成部份的損失；但若是品質上有問題，那麼公司賠上的就是客戶的訂單與合約。當客戶流失到一定程度時，意味著競爭者在業績上將大幅領先。

　　如果你對前面的說法有疑問，可以去看看那些在各個行業中逐漸式微，或是市場佔有率大幅流失的公司，和針對這些公司所作的檢討報告，你就可以發現品質在現代的社會中多麼受到重視。在現代的商業環境中，

品質是不能討價還價的。品質不符的產品會遭到退貨、或是貨款打折等處罰；在越來越多的場合中，差勁的服務也會遭到類似的懲罰。

品質無所不在

大型企業通常會專注在幾個單純的業務以增進盈收，但是由於近年來生產技術改進、獨佔事業減少、政府解除法令限制、企業合併風氣盛行、市場佔有率改變以及廠商聯合的經營形式，使得公司之間的差異與過去幾年相較之下變得不甚明顯。TQM是一個範圍很廣的概念，不僅涉及產品、服務或流程的改善，還會影響價格、生產力甚至是組織內「人」的發展。TQM還有另一項優勢，就是TQM把焦點放在客戶滿意上，因此沒有人能提出異議。

品質與生產力

成本、生產力與品質改善彼此互補，三者之間缺一不可。經理人有時會抱怨他們沒有時間與資源來確認產品或服務在第一次就做到最好，而且認為如果部屬花太多時間在品質計畫上，將會影響其生產力及作業的時間，於是產出減少、成本增加。但是如果不這樣做，經理人與其他部屬將會花兩倍或三倍以上的時間在改善產品／服務上，同時耗費可觀的成本與資源彌補錯誤和安撫不滿的客戶。

市場上的品質與績效表現

在美國麻州劍橋的策略計畫研究所曾主持一個名為「市場策略對獲利影響」（Profit Impact of Market Strategy, PIMS）的研究計畫，此研究計畫建

構了一個資料庫，內含3000筆各大企業的經營表現，可以讓研究人員分析影響企業表現的因素。PIMS計畫的主要觀念是所謂的「相對認知的品質」（Relative Perceived Quality, RPQ），也就是產品／服務呈現出來且爲顧客所知覺的印象。研究人員發現RPQ和實際的市場佔有率有所謂的槓桿效應，在市場上佔有率高的公司其產品通常是品質較高的，反之亦然。此外，顧客所認知到的品質可以幫助市場佔有率不高的公司提昇佔有率，同時可以使佔有率原本很高的公司維持其優勢的地位（請見Buzzell and Gale, 1987）。

品質與改善企業績效

Kano等人（1983）檢視1961年到1980年間26家贏得戴明獎（Deming Application Prize）的公司，發現這些公司無論是在獲利率、生產力、成長率、償債率及淨值都高於其所屬產業的平均水準。美國主計處（US General Accounting Office）曾利用綜合性問卷以及面談的方式研究曾在1988到1989年獲得MBNQA獎（Malcolm Baldrige National Quality Award，此獎項於第二章另有介紹）的前20家公司，要求這些公司提供關於下列四種指數—員工指數、作業指數、顧客滿意指數、公司經營指數—的資訊，研究發現得獎的公司在這四項指數都有明顯的改善，例如市場佔有率、平均員工銷售額、資產報酬率、銷售獲利率均提昇。其中15家的實際表現如下：

- 市場佔有率：增加13.7%
- 平均員工營業額：增加8.6%
- 資產報酬率：增加1.3%
- 銷售獲利率：增加0.4%

Larry（1993）的研究指出獲得MBNQA獎的公司累積獲利率達89%，而以相同的投資額投資在名列SandP五百指數中僅有33.1%的獲利率。Wisner與Eakins（1994）研究1988-1993年的獲獎公司也得到類似的結果。許多研究得到的結論顯示，得獎者在財務的表現比其他競爭者要來的好。

美國商業部的國家標準與科技研究所（National Institute of Standards and Technology, NIST）曾模擬投資1000美元到獲得MBNQA獎的五家公開上市公司、七家母公司，並在SandP500指數中投入了相同數額的金錢，後者的獲利率只是前兩者的1/3。NIST又模擬投資1000美元到32家MBNQA入圍公司，與SandP500指數的報酬率相比較也高出2倍。Curt Reimann（1955, MBNQA的主席）認為這些結果可以「說明品質管理能讓不同領域的企業在財務表現、客戶滿意、市場佔有率獲得提昇。」

Aeroquip公司是一家在全世界擁有員工9000人、40間工廠的跨國航太公司，他們發展出內部的MBNQA獎，叫做AQ+（Aeroquip Quality Plus）。各分公司與工廠必須得到700到1000分以上才能獲得AQ+，以下是獲得認證的九家分公司與工廠在1994年的表現：

- 該公司64%的營運收入來自於銷售的31%。
- 獲認證的單位其銷售獲利率是15.1%，其他單位是3.9%。
- 獲認證的單位其銷售成長率為21%，其他單位是5.0%。
- 獲認證的單位其營收成長31%，其他單位衰退3.2%。

Zairi等人（1994）進行一項針對29家英國公司營運績效在品質方面所受衝擊的研究，這些公司對TQM不是有一定的認識就是已經在內部實行TQM。研究結果以八種指標評量這些公司的表現，並以五年為一個單位來作分析。結果顯示這些公司在八種指標的表現都比業界的平均標準高。

Easton與Jarrel（1996）所進行TQM研究被大多數的學者認為是近年來規模最大也最深入的。他們研究108家在1981年到1991年真正投入人力

與資金實行TQM的公司，結果發現他們選中的樣本在各項財務表現（如獲利率、資產報酬率、資產運用效率、股本報酬率等等）上都獲得很大的改善。

雖然這些研究多少都有方法論的謬誤，但是仍能描繪出品質管理對企業競爭力的影響與企業營運績效之間的關係。

品質不良的代價高

在不同的公司、不同的產業和不同的情況下，品質不良（精確地說，沒有在第一次就把事情做好）的成本佔公司年度營業額的5%到25%（請見第四章Dale和Pluett的研究）。一個公司應該比較品質成本在年度盈餘中佔的比例，以了解產品或服務的品質與公司獲利能力的關係。

產品可靠度

美國1987年制訂的消費者保護法案（Consumer Protection Act）及1988年立法對產品可靠度的規定產生幾個影響：

- 高階經理人變得更重視公司內的品質體系是否符合ISO9000系列的品質認證，這類型的品質認證制度被經理人視為公司產品可靠度的最佳佐證。
- 組織中：
  — 開始有能力追蹤產品製程的每個步驟。
  — 保留各項處理過程的記錄。
  — 事先於品質計畫中預期並避免錯誤，如借用「失效模式與影響分析法」（Failure Mode and Effects Analysis, FMEA），以指出在設

計、生產流程中可能發生的失效類型。

顧客至上

現在的消費者對產品／服務的要求越來越多、越來越嚴格，他們的期望包括產品本身與包裝說明的一致性、可靠度、耐用度、相容性、功能性、特色、外觀、售後服務、使用者導向、安全性、環保等，使得最近有些績效表現良好的公司覺得好像被客戶的多樣化要求壓得喘不過氣來。此外，在公司競爭力提昇的同時，市場上可能又出現更低價的競爭者，結果就是公司內每個員工都必須致力於持續的品質改善，才能維持競爭力。如果一家公司能貫徹TQM，在市場上就能打敗對手；但是如果持續品質改善的工作沒做好，卻仍誤以為自己做到了TQM，那麼要重新取得競爭力及領導地位就很難了（請見圖1.3）。所以TQM應該被視為一種作業流程而非作業計畫；認為TQM是專案計畫的人事實上不了解持續品質改善的意義。公司如果要致力提昇產品／服務的品質，必須藉由員工的參與、涉入及發展，並輔以公司在系統上、流程上以及產品上的優良品質。當公司可以將所有工作整合起來，便是一家具有優良品質保證公司的基礎。

品質管理的演進

近年來品質改進與品質管理系統的演進相當迅速，從二十多年前的品質檢查、品質管制、品質保證到全面品質管理（TQM），人們對品質的定義不斷更新。我們可以將這個演進過程劃分四個階段：品質檢驗、品質管

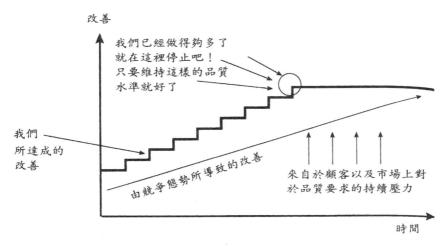

圖1.3　品質的改善是一持續性的流程

制、品質保證和全面品質管理（TQM）（請見圖1.4）。以下我們提供英國標準局和國際標準組織對這四個階段的定義供讀者參考，但是在後面章節的討論範圍則不完全根據這些定義來進行。

品質檢驗（INSPECTION）

（是）測量、檢查、測試或評量某實體一種或多種特性的活動，
同時比較特性與原設計要求之差異，以確保兩者間的吻合。（BS
EN ISO 8402, 1995）

曾經有一段時間，品質檢驗被認為是確保品質的唯一方法，在一套簡單的檢驗流程中，對產品／服務的特性加以驗證、度量或測試，以期符合原設計的要求。在製造業中，品質檢驗常用在原料、零組件成品和組裝成品等部份，這些動作完成後產品才能正式出貨。在服務業中，品質檢驗則

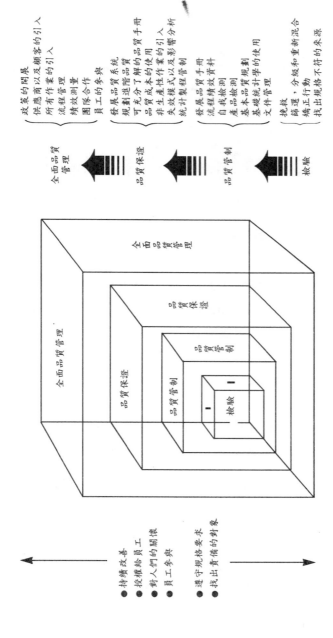

圖 1.4　全面品質管理演進的四個階段

來源：由 Dale 發展而成（1994）

全面品質管理
- 政策的開展
- 供應商以及顧客的引入
- 所有作業流程管理
- 績效測量
- 團隊合作
- 員工的參與

品質保證
- 發展品質系統
- 規劃進階品質
- 可充分了解的品質手冊
- 品質成本的引入
- 非失效模式以及影響管制
- 統計製程管制

品質管制
- 發展品質手冊
- 流程績效監測
- 自我檢測
- 產品檢測
- 基本品質規劃
- 基礎統計學的使用
- 文件管理

檢驗
- 拯救
- 篩選，分級和重新混合
- 矯正行動
- 找出規格不符的來源

- 持續改善
- 授權給員工
- 對人們的關懷
- 員工參與
- 遵守規格要求
- 找出責備的對象

是檢查「關鍵評量點」（Appraisal Point），由專門人員到各服務流程工作點上檢查各項服務工作及流程是否合乎要求。任何不符規格的材料、零件、文件、表格、產品和貨物一律丟棄、重製、修改或予以折讓。有時候品質檢驗也用來評鑑產品的等級，如養殖珍珠的成色評鑑等等。這個品質體系是所謂的事後檢測，並沒有事先防範的功能。單純的品質檢驗的工作完全在工廠廠房內進行，經銷商或消費者完全無法參與（只能在事後對瑕疵提出申訴或抱怨）。

品質管制（QUALITY CONTROL）

> 用以達成品質要求所進行的一切作業性技術及活動。（BS EN
> ISO 8402, 1995）

在品質管制的系統中，我們可能會對從原物料的供應到所有製程的中間產出都進行檢驗，並把檢驗的結果傳送給適當的負責人員。品質管制是從原來的品質檢驗發展而來，運用更多精細的方法與技術來監控生產流程。品質管制的本質仍然在於檢驗，但由於生產流程受到更多的監控，瑕疵產品產生的機會便相對減少。利用品質管制以及檢驗的方法來對產品或服務進行品質管理的組織，我們稱之為以除錯模式（Detection-type Mode）來經營的組織，也就是說這些組織會著眼於尋找並修正問題。

品質保證（QUALITY ASSURANCE）

尋找、修正不良品的過程並不能有效地消除錯誤根源，因此為了要持續改進品質，必須引導組織的力量到規劃如何從源頭開始防範錯誤發生的方向。這就是品質管理演進的第三階段—品質保證。其定義為：

在品質體系中有計畫且系統化進行的作業，這些作業能夠提供足夠的信心，使某產品能夠符合預期的品質要求。（BS EN ISO 8402, 1995）

演變到品質保證階段時，公司內整體品質管理體系開始重視品質的單一性與一致性，並開始使用七種品質管理工具（長條圖、工作檢查表、柏拉圖分析（Pareto Analysis）、因果關係圖（Cause and Effect Diagram）、統計圖表、散布圖、管制圖）、統計製程管制（Statistical Process Control, SPC）、失效模式及影響分析（FMEA）和品質成本資料的收集與應用。透過這些管理工具，我們可以發現到企業對於品質的態度，已經從單純的事後檢驗演變到事前預防。簡單的說，公司開始強調品質計畫、改善產品設計、改善工作流程的控制和激勵員工。

全面品質管理（TOTAL QUALITY MANAGEMENT）

第四階段的全面品質管理涵蓋企業中（包含客戶和供應商）各個層面的品質管理原則，這些原則必須在企業中每個單位、每個階層貫徹實行。這是公司上下共同推行的工作，而且要持之以恆。TQM中個別的品質體系、流程和要求也許不比品質保證階段來得嚴格，但是卻要進一步把品質的觀念遍及每個員工、每項活動和組織中各個功能性單位。然而，TQM所需要的管理技巧和創造性活動仍來自於品質保證階段。推廣TQM的哲學需要靠更複雜的工具與技術，更重要的是要強調人的重要性（這又被稱為TQM的軟性層面）。

TQM的推動除了在公司內部進行，還要把流程延伸到公司外部的供應商與客戶，所以各項品質活動必須把焦點擺在客戶滿意、內部改善和外部協調。

TQM 的解釋和定義很多，但我們還是選擇國際上對這個名詞的定義。TQM 是一個組織專注於品質時所採取的管理方法，其基本要求為全體成員參與、顧客長期滿意、並使組織內部所有參與者以及社會的獲益。（BS EN ISO 8402, 1995）

簡言之，TQM 是組織內全體成員合作的結果，配合適當的工作流程提昇品質，以滿足顧客的期望與需求。TQM 是一種哲學同時也是管理組織的指導原則。

事前預防與事後檢查

回顧品質管理的演進，一般認為前兩個階段（品質檢驗、品質管制）是屬於事後檢查的動作，而品質保證和全面品質管理則是以事前預防為原則，每個企業都應該把資源從偵測錯誤轉移到預防錯誤。接著我們就來檢視發現錯誤與預防錯誤的差別。

在事後檢查（也有人說是「救火隊」）的環境中，管理的重心放在產品、製程、運送等由上而下的流程，有相當可觀的人力與資源投入在事後檢查、篩選、測試和提供所謂的「快速維修」服務，以確保只有符合品質要求的產品才可以送交到顧客的手中。以這樣的方式來進行品質的管理，不但缺乏創造性和系統化，規劃與改善的工作也常被忽視。事後檢查的管理並不會對品質改善有任何的幫助，也只有當錯誤真正出現時才會受到經理人的重視。然而在工作流程中所發生的問題卻依然存在。檢查基本上是領班和工頭的管理方法，好像守衛一樣監視著員工。這種「你工作我檢查」的方式常使員工誤認品質的意義，員工在工作時只想到：「我做出來的東

西要怎樣才能逃過上級的眼睛，不讓他發現瑕疵？」經理人也因而相信，品質不良是因為接受檢查的產品或服務樣本和次數不夠多，而出錯的是員工而不是公司的制度。

　　一個利用錯誤偵測的方式來進行品質管理的公司必須要能夠回答下列的問題：檢查人員的工作是否會傷害生產線上員工的自尊？是否會誤導員工對品質的認知？生產與檢查之間的關係，在McKenzie（1989）的著作中有生動的描述。

　　不良品在品質檢查的過程中被挑出、分類、分級，在得到上級許可後，不良品被重製、混合、修理、歸為次級品、作廢丟棄。一件不良品可能透過修理等方式回到正常生產線上，卻又被篩選為次級品，於是就在這個過程中不斷循環。檢查或許能避免不良品送到客戶手上，但是不能防止不良品的繼續出現。事實上，我們懷疑這種方法是否能將所有不良品挑選出來，因為生理和心理的疲勞會降低檢查工作的效率。以平均效率來說，當100件不良品通過檢查人員面前時，通常只能挑出其中的80件。在這樣的品質管理系統中，我們常常可以發現，顧客也會對遞送的產品或服務進行檢測，因此成為企業在品質管理系統中的一部分。

　　處於這樣的一個生產系統中，如果出現問題的流程一直沒有進行調整，不良的產品或服務就會持續地經由通路傳送給顧客；而且由於各種不同形式的浪費一直不斷的產生，在本質上就是一種沒有效率的生產，也使得管理流程中各項動作都只向後看。這種「只重視今日工作結果」的生產方式，找不到企業想從錯誤或危機中學習的企圖。別忘了還有一項不能忽略的付出—「改善」不良品的成本。前面提到不良品會被挑出、分類、分級、重製、混合、修理、歸為次級品、作廢丟棄，這些多出來的作業程序將減少公司的利潤。（圖1.5）取材自福特公司為期3天的統計製程管制（SPC）的訓練講義（1985），是事後檢查模式的圖解說明。

　　工作環境中如果只強調如何處理不良品，而不設法在一開始就避免不

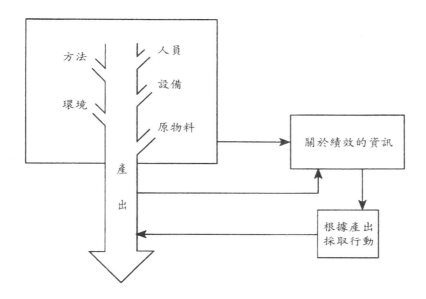

圖1.5　以檢查為基礎的品質系統
來源：福特汽車公司（1985）

良品產生，不僅對團隊精神、分工合作沒有好處，甚至可能影響工作士氣。大家開始把焦點放在如何推諉過失；同時想盡辦法保護自己，讓自己不至於成為別人攻擊的目標；沒有人願意承擔自己應盡的責任；更沒人願意接受紀律性的懲戒。這種行為和態度通常從中階主管開始，然後迅速蔓延到企業組織內的每個階層。

　　品質保證是一個以事先預防為基礎的制度，除了持續改進產品／服務的品質外，也由於其著眼於產品／服務以及製程的設計而增進生產力。品質保證的著眼點放在工作流程的源頭，所以能夠避免不良產品再出現，品質不佳的服務也不會傳送到客戶手中。檢查只是一種被動的反應，而預防則是主動出擊。在品質保證體系中，把原先由上到下的管理方式完全顛倒，由產品倒推來檢討製程中各環節的問題（請見圖1.6），改變後的體系

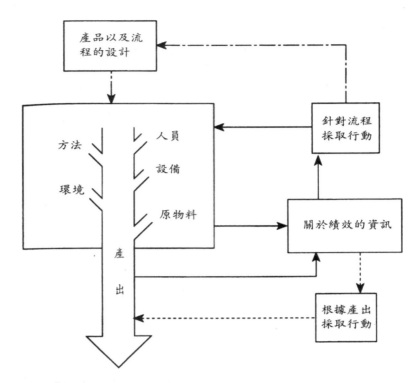

圖1.6　以預防為基礎的品質系統

來源：福特汽車公司（1985）

也被稱之為PDCA循環（Plan-Do-Check-Act Cycle，計畫—執行—檢查—改善行動）。事後檢查的品質管理並沒有做到PDCA循環中改善行動的部份，然而在預防的概念下，這卻是整個循環中最重要的部份，生產線上的個人或團隊都必須靠這個部份來達成持續改善品質的目標。

　　品質的建立是在設計階段而非控制階段，許多品質方面的問題都肇因於產品在設計上或製造流程上的不良或不當。在預防的品質管理體系中，製造流程是考量人員、機器、材料、方法、管理和環境來共同制訂，把實

際從事製造和運送產品／服務的工作人員應有的品質觀念和應負的品質責任明確地規範出來。

　　將品質體系從事後檢查轉成事先預防不只需要新的管理工具和技巧，還需要重新建立新的管理哲學和方法，必須重新調整管理風格和思考方向。這些調整需要不同部門和不同職位的人共同進行，組成跨部門的團隊檢討工作上的缺點並設法去除、加以改善。更重要的是要從高層管理就把事先預防視為企業組織內的重要政策和目標，並且主動整合各部門資源，發揮團體改善品質的動力。

全面品質管理的關鍵因素

　　雖然對於TQM所包含的要素各家眾說紛紜，但是還是有一些關鍵因素可以從不同的定義中歸納出來，在接下來的幾個小節我們會整理這些因素的摘要，詳細的說明則在後面的章節中討論。

高層經理人的領導與決心

　　如果總裁和其他高層主管沒有一致的決心，就不會有什麼重大的改變會發生，即使發生了也不會持續太久。高層經理人必須親自執行改革的工作，提供各項指示與指導，並施行強勢領導。在行動上要賦予TQM幾個重心或焦點，使部屬能理解推行TQM的意義；最重要的是要把TQM儘速推展至企業組織的每個角落，讓TQM變成經營企業最自然的方法。

規劃與組織

規劃與組織涵蓋了品質改善過程中的許多面向，例如：

- 制訂明確而長遠的 **TQM** 取向，並將其他如推展資訊科技、生產、人力資源等策略、及事業部計畫加以整合。
- 將品質納入產品及製程設計的考量。
- 設計事先預防的措施（如防錯設備）。
- 將品質保證的程序納入工作流程，以利於進行修正工作的封閉循環運作。
- 在公司政策的前提下，引進適當的品質系統、製程、工具和技術。
- 發展組織功能、設立品質專責的次級組織以支援品質改善的種種措施。最好能設立類似「指導委員會」的單位，要求全體員工重視協調、責任並徹底實行品質改善。這類次級組織的重要性等同於正式的管理階層結構。
- 追求工作指導、工作流程、工作系統的標準化、系統化、單純化。

運用品質管理的工具與技術

企業為支援或發展一套持續品質改進的程序，需要運用一些工具和技術。如果員工效率不佳又沒有適當的工具與技術來輔助，想要解決問題就會很困難。適當的工具和技術必須能有效改善品質，而且必須融入企業組織內的日常工作中。一個公司必須先繪製工作路徑圖（Route Map），再決定要在哪個地方使用哪項工具和技術。適當的工具和技術除了可以啟動整體品質改善程序，也可使員工利用這些工具參與、貢獻改進的過程，了解品質的意義，並改變員工的行為與態度，最後順利達成目標。

教育訓練

　　一個公司必須提供員工各種不同層次的教育訓練，以培養品質管理的觀念、技巧和態度，使其得以符合持續品質改善的企業哲學，這樣的教育訓練可以提供企業內溝通的共同語言，減少誤會與曲解。正式的教育訓練計畫必須定時進行，參加的員工才能學習如何處理日漸複雜的問題。此外，訓練的模式要配合企業經營的現況，比如說，是要把所有的員工輪流排入相同的課程還是依據單位功能特性安排不同的課程才能符合實際現況？教育訓練應被視為企業投資的一種，一方面提昇員工的知識，一方面發掘員工的潛能。教育工作不落實，員工解決問題之能力將不足；訓練不落實，則員工的行為與態度無法配合持續品質改善的企業文化。訓練計畫必須把焦點放在協助經理人思考如何將改善工作和個人職責結合，並且讓每個員工都能得到適當、足夠的訓練。訓練的課程中可能會包含一些數字、文字的基本訓練，但整體訓練的宗旨在於自我發展與成長，將員工最深處的潛能激發出來。

參與

　　公司必須要有決心讓員工能夠自我成長，並且能了解到員工乃是公司最珍貴的資產，其價值也會隨著時間的演進而逐漸增加。所有的措施都必須完全考量到廣大同仁的福利，讓他們有機會參與公司品質改善的過程；經理人也應有所準備來分攤他們的責任。此外，公司還要探究員工的意見，傾聽他們的心聲，並針對這些意見而採取行動。TQM還要求公司中每一個人都非常清楚公司的要求事項以及個人日常工作與公司整體運作的關係，因為每個人對於自我責任和周遭環境的認識越深，在持續改善品質的

過程中就越能發揮潛能。公司必須要求員工在自己責任範圍內,全力做好自我控管、自我改善的工作。

團隊合作

團隊合作必須在幾種形式中進行,才能發揮作用。首先團隊中通常包含領隊、隊員、發起人、執行人等,這些成員的角色能否充分發揮是團隊能否發揮功效的關鍵。此外團隊合作是「員工參與」的一項重要特徵,沒有團隊合作就無法凝聚公司內所有人員的向心力和完成工作的決心。

公司必須有能力察覺員工正面的績效和成就,並給予適當的鼓勵與獎賞。員工必須看到自己平常努力的結果,而且這些在品質上的改進確實受到重視。要達到這樣的境界就必須要在平時就建立起主動的溝通管道,並即時給予員工鼓勵。TQM要執行得徹底,公司內部的溝通必須普遍而暢通,但是有時候不見得如此。一個能言善道的主管不見得擅長溝通。

評量與回饋

公司營運的幾項內外在重要指標必須經常加以評量,其中外在指標尤其重要,因為它能直接反映客戶對產品/服務的感覺。營運的指標可以透過顧客問卷調查、外在指標(如競爭力、功能性、普及性)、內部指標(生產力、生產成本)和其他外部資訊來評量,把各種回饋和改善過程逐項加以評鑑。有了評量結果之後,行動計畫就能夠針對結果提出具體可行的作法,以達成目標。

團體工作

公司必須要創造適當的組織環境，使每個員工能共同工作和參與，並能有效地實行持續性品質改善。品質保證也需要融入企業內各項工作流程和功能，改變員工的工作態度、行為和習慣才能達成。例如：

- 公司內的每個人都必須根據個人的責任，持續地參與「改善」的過程，並且為個人的品質保證負責。
- 員工必須檢查自己的工作進度或成果。
- 瑕疵與錯誤都必須詳細記錄在表單上，並傳遞給下個工作階段的同事。兩個工作階段的同事間，基本上也是客戶──供應商的關係。從別人手上接下原料、零組件、資訊、服務繼續處理的是客戶；把處理好的原料、零組件、資訊、服務交由其他同事繼續處理的就是供應商。
- 每個員工都必須滿足其客戶，包含同事和消費者。
- 外部的供應商和消費者必須納入整體品質改善的過程中。
- 把錯誤當成是改善的好時機，就像是日本諺語所說，錯誤是值得珍惜的珍珠。

改變員工的行為和態度在管理工作中是最困難的部份，因此需要花更多心思來處理這方面的問題。

實行TQM的好處

TQM的種種好處在許多著作中都有說明,事實上在早期的討論中,許多「好處」基本上都有些不切實際。在本章結束之前,我們要提供四位總裁的意見,他們來自不同企業領域,推行TQM的時間也各有長短。

RHP 軸承公司執行總裁 P.F. Monk　這家歐洲公司專門製造各種軸承提供其他工業如汽車、機械工具和航太工業使用。

全面品質是統合管理資源和受僱人員以追求公司獲利成長的重要觸媒,其成功之處包括:

員工

- 透過公司內各階層的團隊合作,加速持續品質改善的腳步。
- 發展出學習的企業文化,許多員工在下班後還繼續進修深造。
- 員工調查結果顯示員工的滿意度增加,士氣也提高。
- 組織更加扁平化,員工參與機會增加,獨裁式的管理風格逐漸減少。

顧客滿意度

- 一年內顧客抱怨減少一半。
- 顧客滿意度調查:1994年RHP公司的產品在10項嚴格品質要求中有5項優於其他競爭廠商。

良好的績效

- 經過三年的虧損和持續改進後,1995年RHP公司首度轉虧為盈。

- 1994 與 1995 年生產力連續增進 20%。
- 1994 與 1995 年廢料成本連續減少 50%。

近幾年該公司的成就得到下列獎項：

- 福特汽車公司 Q1 獎。
- 柏金斯品質獎（Perkins Quality Award）
- IIP 獎

United Utilities 公司英國事務部執行董事 D. Green　該公司主要業務為電力設備、水利設備和污水處理設備。

我們對客戶服務所做的改進，對公司有相當正面的影響。我們運用我們的企業改善程序提供客觀的觀點來決定主要改善的層面與方法。這些重點使我們的製程和產出得到改善，也帶動公司的成長。在過去幾年：

- 在一項重要專案的流程上節省超過 100 萬英磅。
- 我們將半數以上的工作人力投入在品質改進上，使得作業成本減少 1%。
- 我們實施了一些創新的投資計畫，目標在於使客戶能滿意我們的服務，也讓我們自己和別的單位有所區隔。
- 大多數員工認為我們是一家重視品質的公司，比例從原來的 40% 提昇至 70%。

這些品質改善的工作也提昇我們面對變遷和和艱困的經濟環境時迅速有效的反應能力。

- 大多數的員工都知道公司在做什麼及其原因。

• 大多數的員工都能了解公司所處的大環境。

整體來說，我們相信以品質為重的經營策略是我們公司維持專業水準的基石，也是我們安渡難關的依靠。

Heavy Duty 紙板公司執行董事 H. Grainger 該公司專門製造各類厚紙板、瓦楞紙。

我們在七年前開始推行 TQM。在那段時間我們從全面品質績效一直到持續性企業改善（Continuous Business Improvement, CBI），就像是一趟沒有終點的旅程。就像一般的旅行一樣，有時候你會走到腿痠而感到厭煩；而在其他的旅程中，你的腿卻又像裝了彈簧一般，充滿著活力。在推行 TQM 和 CBI 的時期：

1 營業額與獲利均成長 1 倍。
2 生產力每年持續增加。
3 訓練預算增加 400%。

簡單來說，我們的品質策略經常會重新檢視，但卻有兩項目標是從未改變的：訓練、溝通。我們相信在扁平化組織中跨部門的團隊合作對公司非常重要，為了努力達成這個目標，我們公司還正在吸收企業領導風格劇烈改變的經驗。全面品質是我們在成功的路上腳痠時，恢復元氣的催化劑。

Manchester 電子公司執行董事 R.D. Polson 該公司主要生產高科技印刷電路板供國防工業及航太工業使用。

TQM 的引進是影響客戶滿意度的決定性因素，而我們的客戶滿意度是由送貨效率、內部重製率和退貨率來衡量，完全沒有討價

還價的餘地。當我們致力於持續品質改進時，我們的表現越來越好，最重要的是我們的顧客也察覺到我們的進步。這一點對維持買家良好關係來說十分重要，尤其我們的買家都是藍籌股的大廠。公司的進步可以下列事項來說明：

- 售價降低。
- 史密斯企業品質獎（銅牌）。
- GEC-Marconi公司長期供貨廠商。
- 在生產流程上受益。
- British Aerospace Defense 正式合作伙伴。

摘要

本章探討對於品質的幾項不同看法，強調每個企業對品質都應有自己的定義。在現今的商業環境中，即使一般企業對TQM並不熱衷，但卻仍十分重視品質，也了解到持續品質改進有助於降低經營成本，並提高市場競爭力。這些組織忽略周遭反對的雜音，義無反顧地向品質改善的目標前進。幾位企業總裁分享他們推行TQM的成功經驗，也說明了經過努力所得到的報酬。本章同時回顧品質觀念的演進：從品質檢驗、品質管制、品質保證到全面品質管理。除了提示事後檢查模式的不合時宜，更強調了事前預防的重要性。

參考書目

BS 4778 1991: *Quality Vocabulary*, Part 2: *Quality Concepts and Related Definitions*. London: British Standards Institution.

BS EN ISO 8402 1995: *Quality Management and Quality Assurance*. London: British Standards Institution.

Buzzell, R. D. and Gale, B. T. 1987: *The Profit Impact of Marketing Strategy: linking strategy to performance*. New York: Free Press.

Carlzon, J. 1987: *The Moments of Truth*. Cambridge, Mass.: Ballinger.

CMC Partnership Ltd 1991: *Attitudes within British Business to Quality Management Systems*. Buckingham: CMC Partnership.

Crosby, P. B. 1979: *Quality is Free*. New York: McGraw-Hill.

Dale, B. G. (ed.) 1994: *Managing Quality*, 2nd edn. London: Prentice Hall.

Dale, B. G. and Plunkett, J. J. 1995: *Quality Costing*, 2nd edn. London: Chapman & Hall.

Easton, G. S. and Jarrell, S. L. 1996: The effects of total quality management on corporate performance: an empirical investigation. *Journal of Business*, 14(4), 16–31.

European Foundation for Quality Management 1996: *Customer Loyalty; a key to business growth and profitability*, EFQM Customer Loyalty Team, March. Brussels: EFQM.

Ford Motor Company 1985: Three-day statistical process control notes, Ford Motor Company, Brentwood, Essex.

Gallup Organization/ASQC 1991: *An American Survey of Consumers' Perceptions of Product and Service Quality*. Milwaukee, Wis.: American Society for Quality Control.

—— 1992: *An ASQC/Gallup Survey on Quality Leadership Roles of Corporate Executives and Directors*. Milwaukee, Wis.: American Society for Quality Control.

Hutchens, S. 1989: What customers want: results of ASQC/Gallup survey. *Quality Progress*, February, 33–6.

Juran, J. M. (ed.) 1988: *Quality Control Handbook*, 3rd edn. New York:

McGraw-Hill.

Kano, N., Tanaka, H. and Yamaga, Y. 1983: *The TQM Activity of Deming Prize Recipients and its Economic Impact.* Tokyo: Union of Japanese Scientists and Engineers.

Larry, L. 1993: Betting to win on the Baldrige winners. *Business Week,* 18 October, 16–17.

Lascelles, D. M. and Dale, B. G. 1990: Quality management: the chief executive's perception and role. *European Management Journal,* 8(1), 67–75.

McKenzie, R. M,. 1989: *The Production–Inspection Relationship.* Edinburgh/London: Scottish Academic Press.

McKinsey and Company 1989: Management of quality: the single most important challenge for Europe, European Quality Management Forum, 19 October, Montreux, Switzerland.

Reimann, C. 1995: Quality management proves to be a good investment. *US Department of Commerce News,* 3 February.

Ryan, J. 1988: Consumers see little change in product quality. *Quality Progress,* December, 16–20.

Taguchi, G. 1986: *Introduction to Quality Engineering.* Dearborn, Mich.: Asian Productivity Organization.

US General Accounting Office 1991: Management practices: US companies improve performance through quality efforts, report to the Honorable Donald Ritter. Washington, DC: House of Representatives, May.

Wisner, J. D. and Eakins, S. G. 1994: Competitive assessment of the Baldrige winners, *International Journal of Quality and Reliability Management,* 11(2), 8–25.

Zairi, M., Leitza, S. R. and Oakland, J. S. 1994: Does TQM impact bottom-line results? *The TQM Magazine,* 6(1), 38–43.

第二章

進行全面品質管理的方法

概論

　　每一位撰寫關於TQM執行方法書籍的作者，都根據本身的背景及經驗，去發展並歸納出進行TQM的方法。這些方法包括：（1）條列TQM的信條和實務，並以一般性的計畫和一組執行指引的方式來呈現；（2）一步接一步的處方；（3）摘述當代大師對TQM的學理、哲學和建議，如克羅斯比（Ccrosby, 1979），戴明（Deming, 1986），費根堡（Feigenbaum, 1983）及裘藍（Juran, 1988）；（4）自我評鑑的方法，諸如美國巴氏品質獎（Malcolm Baldrige National Quality Award, BNQA）和歐洲品質管理基金會（European Foundation for Quality Management, EFQM）所樹立的優良企業典範；及（5）以架構或模式的形式提供非處方的方法。有了這些現成的建議和指引可供參考，也就難怪當資深經營團隊在組織中推行持續性品質改善的正式程序時會出現一些惰性了。

　　引進TQM的方法很多，而組織應選擇最能迎合自身需求，且有利於企業經營的那種。但是還是有企業在決定自己的TQM路徑後，發現不如預期後又更換其他方法。目前，有些TQM主要的方法，已經開始受到檢驗。此外，本章也將概述如何評量適當的TQM方法及幾個與TQM有關的品質獎項，最後說明幾項妨礙TQM推行的因素。

應用品質管理專家的學理

　　企業奉克羅斯比（Crosby, 1979）、戴明（Deming, 1986）、費根堡（Feigenbaum, 1991）和裘藍（Juran, 1988）的著作和教導爲經典，來學習TQM的觀念是很合理的，因爲這四位學者對全球企業發展TQM的影響力不容忽視。對企業而言，一般的作法是採納其中一位品質管理專家的論述，同時試著照其中的重點執行。這種作法的爭議在於：每一位專家都有一套可行的實踐措施、提供一致性的模式和有條理的架構來規範每個過程，並建立組織中共同的語言、認知和溝通的模式。爲了順利運作，有些企業會故意選擇較爲簡單的部分來做。戴爾（Dale, 1991）指出，一般認爲克羅斯比所提出關於推行TQM的方法最容易執行，在他之後的是裘藍，而第三位廣爲企業所參考的則是品質大師戴明。在觀察企業援用某一位精神導師的理論時，會發現最後終究還是得參考其他品質管理專家的研究來改善自己的程序。這是可以理解的，因爲儘管每一個研究者都強調自己的獨特性，但是卻沒有任何一位專家的理論，能夠解決企業面對的所有問題。

　　企業無論使用哪一種方法或程序，都應該把它視爲改善過程的一個機制，而不是終點。

克羅斯比（Philip Crosby）

　　克羅斯比的支持者主要是高階經理人。克羅斯比將自己的研究推薦給最高管理階層，強調可從品質改善上獲利。他主張高品質能夠降低成本增加獲利，並將品質定義爲符合客戶的需求。克羅斯比品質改善計劃共有14

個步驟，重點在於如何改變組織及產生品質改善的具體行動計劃：

1. 管理階層的承諾（Management Commitment）；
2. 品質改善小組（Quality Improvement Team）；
3. 品質測量（Quality Measurement）；
4. 品質評量成本（Cost of Quality Evaluation）；
5. 品質意識（Quality Awareness）；
6. 矯正措施（Corrective Action）；
7. 成立零錯誤計畫之特別委員會（Establish an Ad Hoc Committee for the Zero Defects Programme）；
8. 管理人員訓練（Supervisor Trainning）；
9. 零缺點日活動（Zero Defects Day）；
10. 目標設定（Goal Setting）；
11. 根除導致錯誤的原因（Error Cause Removal）；
12. 認知（Recognition）；
13. 品質管制（Quality Controls）；
14. 周而復始的運作流程（Do It Over Again）；

克羅斯比所提出的品質提昇程序乃源自品質管理的四項定律：

1. 品質意味著合諧，決非曲高和寡。
2. 第一次就把工作做對，永遠是最省錢的方式。
3. 表現好壞的唯一指標，就是品質成本。
4. 唯一的執行基準就是零缺點。

克羅斯比同時發明「品質疫苗」（Quality Vaccine）的觀念，融合了21個領域再劃分成整合、制度、溝通、操作和政策等5個範疇，做為預防品質缺陷的良藥。

　　克羅斯比深信「高品質就能降低成本，並提高獲利」的原則，因此他並不接受「最佳品質水準」的概念。品質成本是達成上述目標的工具。關於品質成本，克羅斯比根據產品一致性與非一致性成本的模式，發展出第一套分析「預防、評鑑、失效」類別的解決方案。他從員工的角度，擬出適度的專業品質責任：最高管理階層扮演重要角色，其他員工的角色則在於向管理階層反映與回報。克羅斯比衡量品質達成的方法之一，是以品質管理成熟矩陣的方式，將管理階層從未知到開明的階段以圖表的方式加以呈現。

　　簡單來說，克羅斯比被視為最能激發及幫助資深管理階層開啟改善過程的品質改善大師，他所提出的方法簡單且容易執行，也因為如此，有人便批評他的研究在如何應用TQM到品質管理原則、工具、技術和制度等方面，較缺乏詳盡實際的內容。

戴明（W. Edwards Deming）

　　戴明的主張是，只要利用統計方法來減少品質的變異，就能夠改善企業的生產力和競爭力。他對品質所下的定義是，設計品質、品質一致性及銷售和服務等不同企業功能的品質。戴明的目的在於改善品質和生產力，改善工作的品質，以期能維持公司的穩定，並改善競爭的地位。他不認同品質經濟成本模式中的權衡作法，他認為將有瑕疵的產品送到消費者手上是無法計算成本的，而這也就是主要的品質成本。

　　戴明提倡的品質測量法，是將製造成果根據所要求的規格進行統計測量；當所有的產品製程都存在變數時，品質改善的目標就是要減少變數。戴明的研究極重視統計，他認為每一個從業人員都應該接受品質統計技巧的訓練。戴明的品質改善管理哲學，可以14個重點概述如下：

1. 為了達成維持競爭力、企業永續生存以及提供就業機會的目標，改善產品和服務的意念必須十分堅定。

2. 接受新哲學：我們正處於新經濟年代，西方管理階層應從責任中學習，並為了未來的變化肩負起領袖任務。

3 停止以檢查的方式達成品質，在整個製程的第一個步驟就建立起產品品質，刪去在一大堆成品中逐一檢查的程序。

4. 終結以價格為基礎的獎勵方式，應該以減少總成本來取代，對於每一個生產所需的零件，都要朝向單一供應者的目標前進，以建立長期忠誠和互信的關係。

5. 持續改善產品和服務的體系，不但可以增進品質與生產力，還能持續降低成本。

6. 為員工設立在職訓練課程。

7. 設立領導才能訓練（參考第12點）：管理的目的在是為了促進人員、機器和零件發揮所長以成就更佳的工作表現，因此，包括管理階層的管理，及生產線工人的管理都必須徹底。

8. 摒除恐懼，每個人才能有效率的為公司效力。

9. 打破部門間的藩籬，不管在研究、設計、銷售和生產部門的員工都必須像團隊一樣的運作，如此才能預測產品和服務可能會遇到的生產和執行難題。

10. 去除各類製程零瑕疵和提升生產力所設的標語、獎勵和目標。這樣的獎勵方式只會製造對立的關係；在這種制度下只會造成低品質和低生產力，阻礙勞動力。

11. （1）消除現場的工作標準（配額），改以統御能力來取代。

（2）以統御能力取代目標管理、數字化管理和數量化目標管理等方式。

12.（1）不要剝奪按時計酬的工人對技藝感到自豪的權利，管理
　　　　人員的職責要由數量移轉到品質。

　　（2）不要剝奪管理人員和工程師對技術自豪的權利。特別是
　　　　取消以年度功績評等或目標取向的績效制度。

13. 將有活力的教育及自我進修計劃制度化。

14. 讓每位員工都能參與完成企業轉型，因為企業成功轉型是每
　　一個人的責任。

　　依據戴明的論點，品質管理和品質改善是公司內每一位成員的責任。高階管理人員必須接納品質的新觀念，成為改革先驅，並經歷程序中的每一個階段。時薪工人則必須教育以致力於產品零瑕疵和改善品質，並賦予具挑戰性及獎勵性的工作。品質專家必須以統計方法來教育其他的管理人員，同時專注於預防缺點的改善方法。最後，再由統計學者從各個範疇給予企業建議。

　　戴明其他有關品質改善的成就，包括PDCA（Plan-Do-Check-Act，計劃－執行－檢查－行動）循環，他以統計品質管理大師修瓦特之名稱為修瓦特循環（Shewhart Cycle）；同時點出企業七項弊端（1.缺乏意圖一致性；2.著重短期獲利；3.績效評估，功績評等或年度考核；4.管理階層缺乏機動性；5.僅依可見之數據來運作公司；6.大肆擴張媒體成本；7.大量負債），戴明並以此攻訐西方的管理理論和企業經營。

　　簡而言之，戴明希望經理人能與營運作業階層發展出夥伴關係，以直接的統計測量方法管理品質，而非去測量品質成本。戴明的研究，特別是堅持管理階層必須改變企業文化的部分，與日式管理緊密結合。由於兩者的契合，戴明在二次大戰之後他對於日本在品質改善上的幫助也就不足為奇了。

　　目前已經有一些戴明理論的擁護者和組織，致力於推廣戴明理論，同

時向企業推銷戴明的想法。同時，也有一些作者著書解釋戴明的研究和理念。（如Aguayo, 1990；Kilian, 1992；Scherkenbach, 1991；Yoshida, 1995）。

費根堡（Armand V. Feigenbaum）

費根堡在奇異（General Electric）擔任全球製程總監十餘年，一直到1960年代的末期。他現在仍是奇異關係企業中，一家爲全球公司設計和安裝操作系統工程顧問公司（General Systems Co.）的董事長。費根堡是TQM小組的開山始祖，並在1961年定義出全面品質控制（Total Quality Control）的第一個版本：

> 爲一有效率的制度，融合了品質發展、品質管理，及組織中各團體改善品質的努力，以促使行銷、工程、製造和服務都能處於讓顧客完全滿意的最佳狀態。

費根堡並沒有花太多心思在於喚醒管理階層對於品質的意識，以幫助工廠或公司設計出適合自己的制度；對他來說品質是管理企業組織的一種方法。只有在公司的每一位員工都明瞭管理的眞義，並參與改善的工作，才有可能達成持續、明顯的改善。每個人都應明瞭和接受以消費者導向的品質管理製程，並用以取代所謂的救火員式的品質管理觀念。

要建立費根堡的全面品質系統，最重要的關鍵在於高階經理人了解持續性品質改善的相關議題，承諾要將品質的概念整合到他們對於管理的實務上。管理階層人員必須要揚棄過去那種無法產生長期改善效果的短期激勵計劃。經理人必須要了解到，品質並不是僅代表著快速回應顧客所提出的問題。高品質的領導，才是讓企業永續成功於當今市場的保證。

費根堡採取非常嚴謹的財務取向來進行品質的管理。他相信在現今激

烈的競爭環境中，對許多企業而言，有效率的建立與管理持續改善的製程，才能獲得最佳的投資報酬。

費根堡對品質成本的主要貢獻是，要管理品質成本，就得瞭解品質成本的分類。他界定出三種主要的類別：評鑑成本、預防成本和失效成本，這三種成本的總和即為品質成本。他同時認為只要求品質專家對企業組織進行品質活動的成敗負全部責任的想法非常愚蠢。

費根堡指出，品質總成本從作業成本常佔年度銷售額25%-30%的比例，盡可能的想辦法降低，就是品質改善的目標。因此，詳細記錄品質成本數據，並持續性地進行追蹤，是不可或缺的部份。

費根堡認為，經理人必須要承諾達成下列幾項：

- 加強品質改善程序本身。
- 確認品質改善是一種習慣。
- 讓品質和成本是相輔相成的目標。

簡單來說，雖然費根堡並不像克羅斯比的品質管理步驟或是戴明信奉所謂的14點原則，但他的學理與這兩位專家並沒有顯著的差異，也點出了管理的秘訣。費根堡還是為成功的全面品質管理定出下列幾個原則：

1. 品質是全公司都必須遵行的流程。
2. 品質是達成消費者所要求的程度。
3. 品質和成本是一體的，不應該分開探討。
4. 品質需要個人與團隊的熱情投入。
5. 品質是經營管理的方法之一。
6. 品質和創新相互依賴。
7. 品質是企業應奉行的倫理規範。
8. 品質需要不斷改善。

9. 對產品而言，品質是最具成本效益，資本耗費最少的生產力提昇途徑。

10. 由顧客與供應商共同連結的完整系統，才能實現品質。

裘藍（Joseph Juran）

裘藍在品質管理文獻方面，或許比其他品質專家更具貢獻；和戴明一樣，他對日本企業發展品質管理的過程影響深遠。當戴明從1940年代末期開始，建議技術專家使用統計方法時，裘藍在1950年代中期則把重點放在資深人員在品質管理中所扮演的角色。

企業必須降低品質成本是裘藍的主張之一，這項主張與戴明的研究南轅北轍。戴明不重視品質成本，不過包括裘藍、克羅斯比及費根堡均宣稱，降低品質成本是企業的關鍵目標。下列10點計畫簡略陳述出他的研究：

1. 建立對於改善需求與尋求其機會的意識。
2. 設定改善目標。
3. 組織各項資源以達成目標。
4. 提供訓練。
5. 實現解決問題的計畫。
6. 回報進展。
7. 認知上的灌輸。
8. 溝通結果。
9. 保持紀錄的運作。
10. 將年度改善計劃納入一般企業營運系統使其成為生產流程的一部份，以維持改善的動力。

　　裘藍把品質定義為「適用」，並進而區分為品質的設計、品質的一致性、有效性和服務範圍。裘藍對於品質改善的目的在於增加一致性並減少品質成本，而年度目標則是在品質計畫的目標設定階段便已完成。他發展出品質計畫、品質管制和品質改善三部曲，他的方法包含有三個部分：解決偶發性問題的計畫，解決習慣性問題及透過上層管理階層參與所制訂的年度品質計畫。裘藍定義出品質管理的兩個主要類別：「突破」，也就是鼓勵好行為的發生，能夠解決積弊；「控制」，也就是預防不良行為發生，能夠解決偶發性問題。他以兩個不同的方向來討論改善過程：從症狀判定原因（診斷），及從原因進行治療（從診斷到解決）。

　　裘藍同時提倡勞動者的責任感，這點也與戴明不同；他認為，品質專家（也就是同時指導上層管理階層及作業人員的顧問）應擔負主要責任，因為品質專家設計和發展計畫，並執行絕大多數的工作；在肯定上層管理階層之支持的重要性時，裘藍也賦予中階主管和品質專家更多品質領導責任；其他員工所扮演的重要角色，則包含在品質改善團隊中。

　　總而言之，裘藍強調品質成本，因為上層管理階層的共同語言就是錢；在確認出品質改善計畫及其機會時，他推薦品質成本的概念；同時發展出品質成本記分板，用來測量品質成本。裘藍的理論與美式管理一致，他以現行的管理文化為出發點，以之為基礎發展出持續性的生產流程改善。

推行管理顧問的建議

　　有一些公司（通常是大公司）會採用某管理顧問的規劃，推行一些量身訂做的制度或措施；有些企業不排斥延請顧問，有些則覺得不習慣。值

得一提的是，多數的「顧問」對於幫助企業達成目標，確實有一套自己的方法。

企業必須明白，即使運用顧問組織，原本資深管理團隊肩上的TQM責任也不會減輕。企業經營者絕對不可以讓顧問成為公司的TQM倡議者，或是成為企業內專屬的TQM專家。聘請顧問的用意在於技術和知識的移轉，當計畫結束時，原來顧問所進行的訓練與指導都必須繼續在企業內運作，品質改善的過程才能繼續發展。企業要知道，顧問只是協助企業完成目標的手段，而非TQM的創始人。事實上，顧問也有可能是在幫助企業的過程中才來學習，任何一項由TQM指導委員會所擬出，認為適合於企業運用的創意、企劃和決定等，都必須經過再三的考慮。

管理顧問提供給企業專業知識，以及開始進行品質改善過程所需的資源、經驗、紀律、目標和引導。顧問負責的工作範圍之廣，可由擬定計劃到訓練、執行計劃和完成特定的改善方案。市場上有許多才氣縱橫的顧問，可以提出多樣的TQM產品和配方，不過並非每一家公司都適合照單全收。對一般企業，特別是大型企業而言，在邁上TQM之路時，可能會聘用更多的顧問。

打算聘請顧問的企業，在選擇時必須仔細考量，確定所聘請的顧問是否為你所需要的，即使是聘用執行計劃的個人顧問也一樣。在選擇時，下列要素應列入考量：

- 顧問機構對資深管理人員及其他對TQM有興趣的團體提報其採用的取向。
- 顧問群的人格特質及與顧問工作小組之間互動的默契。
- 提案細節。
- 之前已公開發佈的相關資料。
- 教育訓練資料、支援系統、方案及工具的可得性。

- 追蹤顧問機構過去的表現及現有客戶的看法。
- 顧問機構對 TQM 的知識，及應用在其他性質類似公司的情形，觀察重點應由提供諮詢擴及他們進行研究和教學訓練的情形。
- 與企業各階層人員溝通和互動的能力。
- 訓練的技巧和能力。
- 能否掌握客戶的企業文化及管理風格。
- 顧問群診斷客戶及擬訂符合客戶需求之方案的廣度。

通常，是否要聘雇顧問公司的決策，是由企業的總裁參酌品質管理主管的意見而裁定，因此顧問公司也不必期待董事會的其他成員除了口頭上的支持外，對於流程的改善會有多大的幫助。

企業必須要非常清楚，花錢請顧問到底想要得到什麼成效？由於專業術語字義的模糊，企業很難準確界定一項 TQM 任務到底包含哪些細節。下訂單採購與貨品送達之間的差異，最能夠說明這樣的狀況。若以 TQM 合約所陳述的結果做為爭論的依據，對於持續改善流程將會是致命傷。企業必須要留意，TQM 的任務並不是要找出其他的問題，也不是讓企業藉此發覺製造、會計和商業管理上的問題都需要顧問的諮詢服務。而最簡單的顧問推銷法，就是能夠在短期間達成結果，這對 TQM 本身的成功來說一定會有負面影響。

企業對顧問工作所發出的怨言，主要來自使用制式的配套服務與無法擴大客戶參與的制式化解決方案、不能反應客戶的業務程序和限制、以及所使用的制式字句和專業術語也不符合客戶的企業文化。

因此考慮尋求外部顧問的公司，必須考慮下列問題：

1. 以實際的目標、里程碑和時間表，清楚明確描述企業對顧問工作的期待。
2. 使顧問公司與客戶的管理團隊之間保持關係正常化。管理團隊必須

考慮到顧問進行專案時的投入，並界定專案成功的標準。

3. 整合執行改善策略和管理改變過程的機制以及所需資源。也就是說，包括資深管理團隊的角色，每一個資深管理人員能夠或承諾要付出的時間和體力，還有確認誰要扮演專案連絡人的角色。

架構和模式

　　一般而言，架構或模式是以圖形的方式來介紹何謂TQM，也就是藉由非處方的方式介紹想法、概念、重點和計劃，其重點通常不在於介紹TQM如何進行及後續發展。架構或模式是行動指導，而不是盲目的仿效他人的做法。一步接一步的處方取向通常有一定的起點路徑，非常僵化，所在意的是目標，而非達成目標所必須經過的路程。架構則可以讓使用者選擇自己的起點及行動配套，以適合企業經營現況和取得資源的腳步，循序漸進的建立。雅伯格特司等人（Aalbregtse et al., 1991）成功地提出架構的元素及目標。還有許多學者如伯特（Burt, 1993）、朱（Chu, 1988）、戴爾與伯登（Dale and Boaden, 1993）、強生（Johnson, 1992）也提出了一連串進行TQM以及改善的架構。

　　管理品質改善的典型架構，是戴爾與伯登（1993）及伯登與戴爾（1994）所提出的UMIST改善架構。UMIST架構分為四部分，每一個部分在啟動經確認的改善流程時，都必須提及改善動機和全面性的策略方向。UMIST架構的基礎是組織化（Organizing），支撐起整個架構的兩大支柱分別是系統與技術（Systems and Techniques），及測量和回饋（Measurement and Feedback）；而改變企業文化（Changing the Culture）則是架構的第四個部分，在每一個階段都必須列入考量。整個流程的中心點是人，包括個

人和工作團隊，沒有他們的技能和承諾，改善的流程就不能運作。UMIST
架構見圖2.1，概略說明請見表2.1。

　　UMIST架構為TQM的不同面向如何平順地結合提供指引，同時特別
適合有下述條件的企業：

- 對品質改善才剛要起步的企業。
- 已經取得ISO 9000品質管理制度系統註冊，對下一步該怎麼走，需
  要一些指導和建議者。
- 想要發展流程改善計劃，並且要對多個不同的廠房進行控制者。
- 對於持續改善的原則和實務之操作經驗在三年以下者。

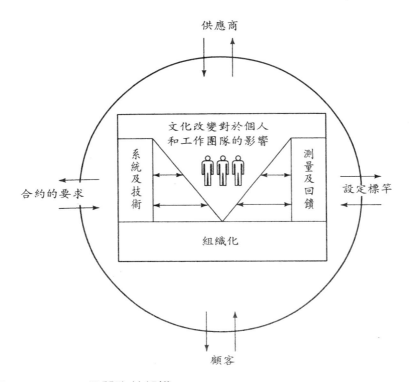

圖2.1　UMIST品質改善架構

表2.1　UMIST品質改善架構大綱

組織化	系統和技術	測量和回饋	改變文化
為持續改善流程擬訂一個清楚的長程策略，其策略能整合各功能部門的政策與目標。	確認在持續改善流程的每一個階段所運用的工具和技術。	確認和界定內、外部須測量的績效項目，以評量進展情形，及確保顧客滿意度。	在開始執行改變計劃前，先評估企業文化的現況。
對品質、TQM及持續改善，訂出一個共同的組織定義並加以溝通。	選定正確的人，並運用工具和技術開發出合宜的訓練。	以各種不同的技術，與客戶討論其預定的表現、需求和期許。	與其堅持改變文化是實被TQM的必要條件，不如認清文化具有不斷變遷的性質。
選擇TQM的取向。	如果不曾有過，就考慮採行一種正式的品質制度。	當企業開始採取某些步驟，邁向持續改善設定標準時，可以考慮設定標準。	開發改變文化的計畫，使其能以一致與漸進的方式登場。
找出內部或外部能成為資源的組織與個人。	為了競爭、迎合客戶和法令要求，確認及執行其他制度或標準。	考慮以不同的方法慶祝和傳達成功，及開發個人努力的方法。	認同員工在組織中的角色。
確認改善活動的階段；包括改善活動的起始點、對持續改善的激勵，及可能採用的工具	視流程的分析與改善是企業持續改善流程之一樣。	思考將品質改善活動和結果與薪酬連結。	確認所有活動之間的關係，並找出以減少衝突的方式。

表2.1 UMIST品質改進架構大綱 (續)

主管的領導與認可，包含實際承諾和支持在每一個階段都很重要。

發展和溝通願景和使命宣言，能簡潔清楚地讓所有員工了解。

建立正式的教育與訓練方案。

建立組織的基礎結構，使最終能促進持續改善程序在各個領域都有人負責。

建立工作團隊，在設計上使成為工作方法的一部份。

應用一些方法來評估朝向世界級績效的進展。

確認能指出TQM已開始改變文化的因素。

在規劃改變時，必須考量國情和人民的文化教育和訓練。

量身訂製組織的路線圖（Route Map）

有許多不同的方式可以讓企業快速汲取別人的智慧與經驗，並淬取出適合特殊環境、商業條件和企業類型的理念、方法、制度和策略。想要以不同方法作為起步的企業，最後都會採用路線圖（Route Map）這個方法。

在這個方法中，管理階層必須思考整個問題，並為他們自己發展出願景、價觀值、目標、政策、達成持續改善的路線圖和宣導適合企業所有階層的哲學觀。使用這個方法的企業有一個特色，就是資深管理階層為了成為傑出的核心，得去拜訪其他公司以取得實行TQM的第一手經驗，同時，必須與具有相同看法的其他公司經營者開一連串有關TQM的會議。他們也常常參與有關於TQM的研討會，對他們來說，與TQM有關的議題是十分熟悉的。

當企業決定展開改善流程時，最好與其他在系統及製程上有經驗的公司連繫，透過結盟及資訊共享的情報網絡來進行學習。依過來人的經驗，與其他擁有優越的管理流程之公司合作或引為標竿來競爭的企業，能發展出第一等的TQM經驗。最好的範例就是日本汽車和電子公司在英國發展改善實務的基礎上，推行的品質改善流程。

從一開始，企業必須接受持續改善是一條長程且艱苦的旅途，而且將永無止境。不幸的是，這條道路既沒有捷徑，也沒有人可以獨享最佳的創意。一旦踏上旅途，就必須保持動力，否則全部的心血都可能會一一流失。即使是最成功的企業，在一開始幾乎都是一無所成的。

管理階層對理念的承諾及其所呈現的統御能力，遠比展開改善計劃的方法來得重要，而這也是長期致勝的決定性因素。

自我評鑑和品質管理獎

　　要讓持續改善的流程能夠繼續下去且加快進展的步調，企業必須以正常的基準來監督哪些活動進行順利、哪些停滯不前、何者需要改良、何者產生失誤。自我評鑑就能提供這樣的一個架構。許多學者如康提（Conti, 1993）和西爾曼（Hillman, 1994）對自我評鑑下了很多定義，不過，歐洲品質管理基金會（European Foundation for Quality Management, EFQM）在1997年為自我評鑑下了一個較全面性的定義：

> 自我評鑑是參考優良企業楷模，對企業的活動和結果作概括性、系統性、定期性的考核。
> 自我評鑑過程能讓企業清楚自己的優缺點，進而推行有計劃的改善行動，任何改善的進展也受到監控。

　　自我評鑑意味著會使用到有評價與診斷機制的模式。日本的戴明應用獎（Deming Application Prize）、美國的MBNQA及歐洲優良企業的EFQM典範，都是國際間受到認可的主要模式。除此之外，還有許多全國性的品質管理獎項，如英國品質管理獎和澳洲品質管理獎，以及一些區域性的品質管理獎，如西北品質管理獎（the North West Quality Award）。大多數的國家性與區域性獎項跟全球性獎項有重疊之處，會根據國家或區域性的條件做某種調整。這些獎項都採取TQM廣義的定義，包含組織整體及進行的各種活動、實務和程序。

　　自從設立獎項之後，關於這些獎項以及其得獎者的描述性資料就急遽增加，如布朗（Brown, 1996）、柯爾（Cole, 1991）、康提（1993）、哈克斯

（Hakes, 1996）、拉色斯與皮考克（Lascelles and Peacock, 1996）、那克海與尼維斯（Nakhai and Neves, 1994）、史提波（Steeples, 1993）等。依這些學者的觀點，自我評鑑的主要目的不應著眼於贏得任何一個獎項的肯定，而是要藉由這些獲獎企業進行TQM的成果，去學習、改善並增加改善流程的速度。

　　品質管理獎及應用的指引有助於管理階層以更簡單的方式了解TQM的定義，同時也提供下列許多不同的方式，來幫助企業發展和管理他們的改善活動：

- 定義和描述TQM，讓資深經理人更能了解TQM的概念、增強對TQM的體認，並形成資深經理人對於進行TQM的決心。
- 根據利益與結果的角度，讓TQM的測量過程得以運作。
- 迫使管理階層思考企業營運的基本元素，以及運作的模式。
- 評分的準則提供了客觀的工具，可以由此獲得對現行作法之優缺點的共識，並有助於點出改善契機。
- 促進標竿的設立和組織的學習。
- 鼓勵進行TQM中的訓練。

　　MBNQA和歐洲品質管理獎（European Quality Award, EQA）在歐美對於提昇TQM的貢獻是不容置疑的。

　　為了要有效地應用任何一種自我評鑑方法，各種元素與實務都必須各就其位，管理階層也必須有一些TQM的經驗，以了解那些概念性問題。尚未執行的部分，就不能進行評鑑。依據經驗，以品質管理獎模式為基礎的自我評鑑方法，最適用於那些至少有三年正式改善流程經驗的企業。舉例來說，德國全錄總經理施爾（Sherer, 1995）在解釋全錄如何在1992年贏得EQA獎時點出「不要以品質管理獎的標準來進行改善，也就是不要把申請歐洲品質獎做為品質改善旅程的起點，因為這是走上品質管理道路一段時

間之後的事。」他緊接著說：「不要太早為追逐獎項而起跑。」

　　在海外企業戴明獎指南（The Deming Prize Guide for Overseas Companies）中（Deming Prize Committee, 1996）也有類似的看法，「建議企業努力執行TQM兩到三年後，或在高層主管完全承諾並肩負起領袖角色之後再申請獎項。」

　　做到這一點之後，有TQM經驗的企業採行這些模式最有用。然而，這些企業必須了解，品質管理獎模式與他們現在所採行的TQM之間，差距的存在是很有可能的。

戴明應用獎（DEMING APPLICATION PRIZE）

　　戴明應用獎是為了紀念戴明博士，並感念他的友誼以及推崇他對於企業品質提昇上的貢獻，在1951年設立。

　　戴明應用獎設立的原意，是要評鑑企業對統計方法的應用，直到1964年，這個獎項被擴大應用到評鑑TQM活動如何實踐。這個獎由戴明應用獎委員會管理，並由日本科工連（Japanese Union of Scientists and Engineers, JUSE）執行，這個獎項肯定企業在品質策略管理及執行上的傑出成就，獎項分為三個部分：戴明應用獎，戴明個人獎和工廠品質管理獎。戴明應用獎開放全球各地申請，分為個別工廠、小型公司和跨國公司，每年頒獎一次，沒有獎項數目限制，這個獎是特別為在全公司品質管理應用下，有個別表現的公司或事業分部所設（Deming Prize Committee, 1996）。

　　戴明應用獎由10項主要類別構成（見表2.2），依序分成66個子類別；除了「品質保證活動」之下有12個子類別之外，每個主要類別下都有6個子類別。各個子類別為了要維持彈性，並沒有事先設計給分標準。然而，根據JUSE的說法，每一個子類別計分都超過10分。這個檢核表是為了在TQM的基礎上確認各項因素、程序、技術和取向。JUSE從非營利組織中

表2.2 品質獎標準

獎項	類別	滿分
戴明應用獎	政策	
	組織	
	資訊	
	標準化	
	人力資源發展與運用	
	品保活動	
	維護/控制活動	
	改進	
	成果	
	未來計畫	
MBNQA	領導能力	110
	策略規劃	80
	以客戶和市場為焦點	80
	資訊與分析	80
	人力資源發展與管理	100
	流程管理	100
	經營成果	450
	總分	1000
歐洲品質獎	領導能力	100
	人員管理	90
	政策與策略	80
	資源	90
	流程	140
	員工滿意度	90
	客戶滿意度	200
	對社會的影響	60
	經營成果	150
	總分	1000

的品質管理專家中，挑選出戴明應用獎的評審；申請者必須依照獎項的每一個評定標準填寫詳細資料，隨後將由評審實地考察。在申請組織推行TQM的現場中檢驗，是這個獎項評分的一個重點。

MBNQA（The Malcolm Baldrige National Quality Award）

美國前總統雷根在1987年8月20日簽署的Malcolm Baldrige National Quality Improvement法案，為這個美國年度品質管理獎奠定了基礎，時間比戴明獎晚了37年。這個獎是以雷根政府的前商業部長馬爾肯·包瑞齊（Malcolm Baldrige）命名。MBNQA計畫是美國政府領導階層與企業界合作的結晶，目的在於提昇品質意識，肯定美國企業的品質成就，以及宣揚成功的管理和改善策略。這個獎由美國的經濟部與國家標準和科技研究所（National Institute of Standards and Technology; NIST）負責運作。

MBNQA每年會從上百個申請者中，頒出至少兩個獎，其中有：製造業或其子公司、服務業或其子公司及中小企業（其定義是獨資，且員工未超過五百名的企業）。從這個獎項設立以來，每一年頒出的獎都在二到五個之間。該獎由美國總統頒發，得獎者可以拿到一個精心設計的水晶獎座，上面鑲有金色獎章。這些得獎企業在品質管理和改善策略的成功經驗都將集結成書，讓美國其他企業一起分享。

每一位MBNQA獎的申請者都要透過七項主要類別的考核，最高分為1000點（US Congress, 1997）。分別為：領導能力（110點）、策略規劃（80點）、以客戶與市場為焦點（80點）、資訊與分析（80點）、人力資源發展與管理（100點）、流程管理（100點）及企業經營成果（450點）（見表2.2，圖2.2）。七個類別中，每一個類別都分為二十個細目，每一個細目又進一步由三十個領域加以說明。圖2.2的架構有三個基本元素：策略和行動計畫、系統、資訊與分析。

策略和行動計畫是公司層次上的要求，衍生自短期和長期的策略規劃，必須妥善執行才能使企業的策略成功；策略和行動計畫是所有資源決策的導引，並促使對所有單位進行評量工作的整合，以確保客戶滿意及市場致勝。系統的架構由圖2.2中間六個MBNQA的類別構成，界定了組織、營運作業、及經營成果。資訊與分析（類別四）對企業的有效管理，及運用以事實為基礎的系統來改善企業績效和競爭力非常重要。

MBNQA評審以申請者所填寫的表格，及下述三項主要指標的成就，作為審核的標準：

- 實行的方法：組織在邁向世界級品質的過程中所採用的策略、流程、訓練以及方法論。
- 品質的佈署與開展：運用的資源，以及對品質的努力在企業內部分

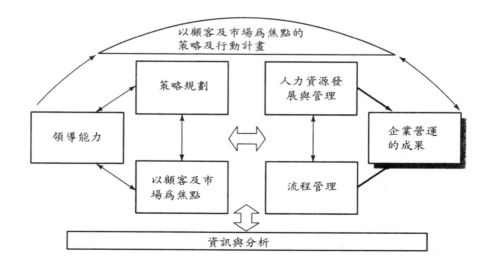

圖2.2　美國巴氏品質獎評估標準的架構：系統觀

來源：美國商業部（1997）

佈的程度（寬廣或狹窄）。

- 推行的成果：在近五年內品質仍能持續改善的證明。

在品質管理專家對申請者進行第一階段的審核後，就會決定是否需要實地走訪企業。評審小組在複審申請文件和實地勘察後得到的所有數據，經過評選後再向NIST推薦得獎者。量化的結果在評審過程佔很大的比重，因此，申請者必須能夠證實其對於品質管理努力呈現持續性的改善。徹底的評審過程意味著即使申請者在最後沒有被選中成為獲獎者，本身的改善計劃的優點和領域仍能獲得有價值的回饋。

歐洲品質獎（The European Quality Award）

歐洲品質獎創立於1990年10月，於1992年頒出第一個獎項。根據EFQM表示，這個獎是刻意「著重在優良企業，並刺激企業或個人著手進行品質的改善，並以全方位的企業活動展現經營的成就」。雖然歐洲品質獎（European Quality Award）一年只有一次，但有許多歐洲品質優勝獎（European Quality Prizes），肯定持續改善企業所展現的優秀品質管理能力。EQA從獲得優勝獎的企業、大眾服務機構（如健保、教育、地方和中央政府）和中小企業類別中，獎勵最優秀的組織；每一位得獎者可以保有一年的EQA獎座，所有的優勝獎得主可獲得一張加框的EQA獎盃；此外優勝者也將參加由EFQM主辦的TQM會議和研討會，並與其他機構分享他們的經驗。

EFQM優良企業模式的主旨，是協助歐洲的企業組織更加了解最佳品質的改善策略，並在領導角色上給予支援。此一模式提供原則性的一般架構，讓任何機構或其內部單位都能採用。EQA目前主要由EFQM來監督管理其業務，此外還有歐洲品質組織（European Organization for Quality, EQQ）

和歐洲委員會（European Commission）的大力支持。此外，EFQM並依據
EBNQA的應用經驗，進行模式的發展工作。

EQA申請者的評鑑標準有九項：領導能力、人力資源管理、政策和策
略、資源管理、流程管理、員工滿意度、客戶滿意度、對社會的影響和經
營結果（EFQM, 1997）。在表2.2列出的基準中又可分為「促進因子」和
「結果」兩個族群（圖2.3）；其中的九個要素進一步又分為三十二個準
則。EFQM的優良企業模式是根據「過程即方法」的信條，企業必須利用
管理和擷取人員的智慧才能來得到改善的結果。換句話說，過程和人是提
供結果的促進因子。EFQM模式中的成果面與企業的成就、正在進行的成
就、以及促進因子如何達成結果息息相關；其邏輯是，客戶滿意度、員工
滿意度、對社會的影響和經營成果乃是透過領導能力、政策和策略、人員
管理、及資源和流程管理，所導致的結果。這九項準則中的任何一項都可
以用來評鑑邁向優良企業的組織流程。

促進因子依使用的取向和開展與佈署能力來計分；取向著眼於如何接
近和達成特殊的準則要求，開展與佈署是指改善方法普及的程度，即在組

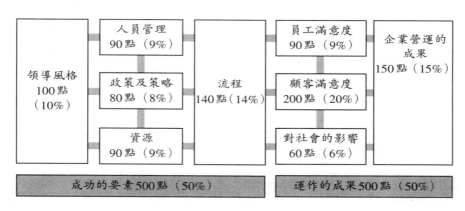

圖2.3　EFQM的優良企業模型

來源：歐洲品質管理基金會（1997）

織的垂直、水平方向執行的結果。結果的評分準則乃是依優異程度進行專業性的評價。促進因子與結果各佔評分的50%，總分為1000點。

　　EFQM的優良企業模式無法指出應該採用哪些特定的技術及合適的程序。申請獎項的機構得至少進行過一次自我評鑑，一旦申請案交付EFQM總部，將會有經過完善訓練的獨立評鑑小組來審核申請案，並決定是否該安排實地訪查。之後再由評審團覆查評鑑小組的報告，決定誰將是最後的獲獎者。

維持TQM的困難

　　根據UMIST品質管理中心所執行的一個由工程和自然科學研究委員會（EPSRC）資助的三年研究計畫結果，確認出許多關於維持TQM進行成果的問題，廣義上可以分為五大項：（A）內、外部的環境；（B）管理風格；（C）政策；（D）組織結構；及（E）改變的過程（見表2.3），茲詳述如下：

內、外部的環境

　　要分辨內、外部的環境，及其相關變數的最佳工具，就是SWOT分析（Strength-Weakness-Opportunities-Threats; SWOT）。

　　機會（O）與威脅（T）被認定為外部變數：

　　內部環境由處於組織外部，且非管理階層短期內所能控制的變數（機會與威脅）構成。（Wheelan and Hunger, 1988）

表2.3　TQM維持要項和議題

內／外部環境	管理風格	政策	組織結構	改革過程
外部： 競爭對手 人力資源的獲得、發展和保有 內部： 以客戶為焦點 投資 恐懼的因素	產業關係 勞資關係	可能與TQM衝突的政策： 人力資源管理 財務 維護 製造	品質部門的定位 部門、功能及界線的移動 溝通 工作彈性與涵蓋範圍 監督系統	改進的基礎設施 教育訓練 團隊和團隊工作 程序 品質管理系統 品質管理工具和技術 對管理當局的信任感

來源：戴鮑等人（1997）

優點（S）與缺點（W）是內部的環境要件：

公司的內部環境構成變數（優、缺點）存在於組織本身，亦非管
理階層短期內所能控制（Wheelan and Hunger, 1988）。

　　經理人即使能發覺對工作人員和改善過程產生負面和不安定影響的因
素，但因為並非他們能夠直接控制，因此必須區別這些環境變數。經理人
需要對這些變數有所了解，才能根據變數擬定計畫。

管理風格

　　管理風格可區分為微觀和巨觀兩個層面，並包含產業關係及勞資關係
兩個子類別。前者如福斯（Fox, 1974）及馬擎頓與派克（Marchington and
Parker, 1990）描述，定義為企業管理員工關係的方式；後者著重於經理人
與領班的態度、價值觀和人際技巧，及二者與下屬的互動。

政策

　　在企業中發現企業的政策與TQM衝突、矛盾或重疊是司空見慣的，
這些典型的政策包括：

- 人力資源管理（Human Resource Management, HRM）。這個政策以
  獎勵制度來鼓勵個人的表現，但卻與TQM的團隊工作相牴觸。其他
  人力資源管理會與TQM相衝突的例子還包括，依工作完成度的給薪
  制度、企業薪資透明化、差別待遇、複雜的薪資等級制度、依地理
  位置來分配薪資。其他人力資源管理政策相衝突的例子有：評鑑制
  度缺乏持續性、現場勞工與職員在病假、曠職問題的差別待遇。

- 為了維持在證券市場的形象並與股東分享利潤，鼓勵制定短期決策和經營結果的財務政策，經理人因此而放棄追求長期的 TQM 目標。

- 因為要降低成本所採行的維修政策，限制了產出的規模，不但會對於機器設備的產能造成不利的影響，也會降低機器製造出產品合乎品質要求的能力。

- 出貨量重於品質合格率以及客戶滿意的製造政策，將會損及訓練的成效，最終的結果是，大家會覺得舉行改善小組會議不必要或浪費時間。

組織結構

這個類別所關心的是由組織結構引發的問題，包括功能、角色、職責、階級制度、界限、彈性和創新。威爾遜與羅森菲（Wilson and Rosenfield, 1990）所定義的組織結構是：

在組織中不同部門之間的關係模式，包括彼此間的溝通、控制、以及權力分配。組織的結構使不同的部門得以分辨，同時也描繪出各個部門之間的相互關係。

變革的過程

這個類別的議題與改善過程本身有關，是某些改善活動和行動的直接結果。其中包括了員工的訓練、教育和發展；組織結構和管理風格的改變；採用新式的工作模式等等，都是初期推行 TQM 的重要項目。這個類別的問題很多都與管理階層在組織工作中完成 TQM 改革和整合的能力有關。

將TQM哲學融入組織的改變過程，不只複雜且範圍廣大。過程中要有效，還必須創造出激勵員工的環境，使其願意自動自發地進行持續改善。如果經理人無法塑造出這種環境，那麼任何的系統、工具、技術或訓練都會失效。

摘要

　　本章檢視在執行TQM的過程中所可能採取的各種取向。管理階層有責任挑選出適合其企業和營運環境的方法，並了解有那些可能的限制，避免採納那些流行的配套方法，而是想辦法量身訂製適合自己的TQM。資深經理人可以透過其他領域的關係網路取得大量的經驗，而且這種意見交流和共通問題的討論，有助於調整出適用的改善方法，有助於達到更佳的改善成果。

　　本章同時檢驗自我評鑑的角色，並介紹幾種測量改善過程的主要品質獎項模式，但也點出在沒有足夠的知識，及不了解持續改善原則和機制的情形下，冒然使用這些模式的危險。

參考書目

Aguayo, R. 1990: *Dr. Deming: The American who Taught the Japanese about Quality.* New York: Simon and Schuster.

Aalbregtse, R. J., Heck, J. A. and McNeley, P. K. 1991: TQM: how do you do it? *Automation*, 38(8), 30–2.

Boaden, R. J. and Dale, B. G. 1994: A generic framework for managing quality improvement: theory and practice., *Quality Management Journal*, 1(4), 11–29.

Brown, G. 1996: How to determine your quality quotient: measuring your company against the Baldrige criteria. *Journal for Quality and Participation*, June, 82–8.

Burt, J. T. 1993: A new name for a not-so-new concept. *Quality Progress*, 26(3), 87–8.

Chu, C. H. 1988: The pervasive elements of total quality control. *Industrial Management*, 30(5), 30–2.

Cole, R. E. 1991: Comparing the Baldrige and Deming awards. *Journal for Quality and Participation*, July/August, 94–104.

Conti, T. 1993: *Building Total Quality: A Guide to Management*. London: Chapman & Hall.

Crosby, P. B. 19979: *Quality is Free*. New York, McGraw-Hill.

Dale, B. G. 1991: Starting on the road to success. *The TQM Magazine*, 2(6), 321–4.

Dale, B. G. and Boaden, R. J. 1993: Improvement framework. *The TQM Magazine*, 5(1), 23–6.

Dale, B. G., Wilcox, M., Boaden, R. J. and McQuarter, R. E. 1997: Total quality management audit tool: description and use. *Total Quality Management*, in press.

Deming, W. E. 1986: *Out of the Crisis*. Cambridge, Mass.: MIT Press.

Deming Prize Committee 1996: *The Deming Prize Guide for Overseas Companies*. Tokyo: Japanese Union of Scientists and Engineers.

European Foundation for Quality Management 1997: *Self Assessment 1997: Guidelines for Companies*. Brussels: EFQM.

Feigenbaum, A. V. 1983: *Total Quality Control*, 3rd edn. New York, McGraw-Hill.

Feigenbaum, A. V. 1991: *Total Quality Control*, 4th edn. McGraw-Hill.

Flero, J. 1992: The Crawford Slip method. *Quality Progress*, 25(5), 40–3.

Fox, A. C. 1974: *Beyond Contract: work, trust and power relations*. London: Faber and Faber.

Hakes, C. 1996: *Total Quality Management: the key to business improvement*, 3rd edn. London: Chapman & Hall.

Hillman, P. G. 1994: Making self-assessment successful. *The TQM Magazine*, 6(3), 29–31.

Johnson, J. W. 1992: A point of view: life in a fishbowl: a senior manager's perspective on TQM. *National Productivity Review*, 11(2), 143–6.

Juran. J. M. (ed.) 1988: *Quality Control handbook*, 4th edn. New York: McGraw-Hill.

Kilian, C. S. 1992: *The World of W. Edwards Deming*. New York, SPC Press.

Lascelles, D. M. and Peacock, R. 1996: *Self-Assessment for Business Excellence*. Maidenhead: McGraw-Hill.

Marchington, M. and Parker, P. 1990: *Changing Patterns of Employee Relations*. Brighton: Harvester Wheatsheaf.

Nakhai, B. and Neves, J. 1994: The Deming, Baldrige and European Quality Awards. *Quality Progress*, April, 33–7.

Scherkenbach, W. W. 1991: *The Deming Route to Quality and Productivity: Roadmaps and Road Blocks*, 2nd edn. Milwaukee, Wis.: ASQC Quality Press.

Sherer, F. 1995: Winning the European Quality Award – a Xerox perspective. *Managing Service Quality*, 5(2), 28–32.

Steeples, M. M. 1993: *The Corporate Guide to the Malcolm Baldrige National Quality Award*. Milwaukee, Wis.: ASQC Quality Press.

US Department of Commerce 1997: *1997 Award Criteria Malcolm Baldrige National Quality Award*. Gaithersburg, Md.: National Institute of Standards and Technology.

Wheelan, H. and Hunger, G. 1988: *Strategic Management and Business Policy*, 3rd edn. Menlo Park, Calif.: Addison-Wesley.

Wilson, D. C. and Rosenfield, R. H. 1990: *Managing Organizations*. Maidenhead: McGraw-Hill.

Yoshida, K. 1995: Revisiting Deming's 14 points in light of Japanese business practice. *Quality Management Journal*, 3(1), 14–30.

第三章

TQM 的人力資源管理

概論

　　全面品質管理之成敗全繫於各階層成員工作的方式，從第一線員工到各階層主管，每個人都是關鍵（Hill and Wilkinson, 1995）。根據伊凡與林賽（Evans and Lindsay, 1995）的研究，TQM的重點在於透過改變員工的看法來改變人力資源管理的角色；人力資源管理專家和經理人的關係，從原先的敵對和牽制的關係轉變為合作互助，為組織的目標共同努力，並且贏得對方的信賴與尊重。歐克蘭（Oakland, 1989）曾如是說：

> TQM關心的是如何把來自外部的監控與管制加以內化，使每個人的表現都值得信賴，並且要有達成最高品質的決心。要員工做到這個地步，經理人必須先有一個假設：員工不需要別人來強迫做某件事，他自己就有達成任務並挑戰自己工作能力的動機。

　　事實上，國際間知名的品質專家裘藍（Juran）、克羅斯比（Crosby）、戴明（Deming）、費根堡（Feigenbaum）對於品質體系中，人員管理的問題各有不同的觀點（Dale and Plunkett, 1990; Oakland, 1989）。對裘藍和克羅斯比來說，品質改進的過程中，員工的角色很微小。當克羅斯比（1979）了解到必須在員工之間形成品質的認知與覺醒時，他建議的方法只是要求員工在工作遇到困難時主動與其主管溝通，卻不同意在工作程序的設計上重新調整，並認為員工最在乎的是公司如何對待自己，其次才是工作本身（Crosby, 1986）。裘藍（1988）則不看重一般現場員工的角色，認為專業人士和經理人才是企業內的重要成員，因為他強調的重點是訓練和管理。

　　過去的文獻討論中，多數強調企業應該以持續改善、員工認同為經營

目標，但是卻很少提到要如何才能做到（Hill, 1991; Wilkinson et al., 1991）。傳統的工作習慣和管理方式可能與TQM的精神不一致，而要想改變企業文化也不是一件容易的事（Snape et al., 1995），因為企業文化的改變影響所及並不只是線上工作人員，還有專業人員、監督人員和管理人員。舉例來說，經理人可能會擔心，實行TQM後，其部屬被賦予的權力會提高（Marchington et al., 1992, p. 38），而且證據也指出TQM可能會使對經理人的工作要求變得更嚴苛 （Wilkinson et al., 1993）。許多TQM研究所發現的問題似乎都和人力資源（廣義上來說）有關係，例如管理風格、承諾與了解、態度與文化等。原因可能是TQM這套源自品質保證的系統在本質上從原來強調技術等硬性層面，轉變為強調以人為主的軟性層面。實際上，硬性層面的問題在早期比較受到品質專家所進行的工作，以及其他學者如戴爾（Dale）和歐克蘭（Oakland））等人所作的實驗之重視。

從這個觀點來看，推行TQM的限制部份來自於受組織忽視的人力資源政策和人力資源無法與TQM作完全整合（Dawson, 1994）。正如Schuler和Harris所說：「人力資源政策必須賦予其使命感，如果對待員工的方式與品質哲學不同，必將危害其他方面的努力，因為只有透過員工積極的投入與參與才能完成TQM的工作。」然而縱使TQM的軟性（人員）方面問題已經常被研究報告中提及，但是在品質研究中仍屬於尚未開發的範疇（Wilkinson, 1992）。此外，現代的社會變遷迅速，員工變得更多樣化、社會流動更機動，因而創造出員工新的需求與期待（Patrick and Furr, 1995）。幾個主要的品質評鑑獎項也包含人力資源的評分項目，例如MBNQA在總分1000分中有100分屬於人力資源的運用，其他項目包括領導與管理、資訊與分析、策略規劃、顧客與市場、流程管理和營運結果。EQA總分也是1000分，其中人員管理佔90分，員工滿意度佔90分。評分的架構為高層領導、政策規劃、人員管理、顧客滿意度、員工滿意度及對社會的影響。但是卻也有研究發現（van de Wiele, 1996）許多有自我評鑑體系的組織，其

重點仍放在TQM的硬性方面，在軟性問題上著墨不多。

TQM的軟性與硬性層面

　　許多傳統的TQM文獻完全專注於硬性層面的討論，強調系統資料的蒐集（也就是用事實來管理）與測量，並涉及許多管理工具，例如統計製程管制、流程設計和基本品質管理工具，用以說明資料並推動流程的改善。先前曾經提到，對於這方面的重視顯示這些品質理論宗師的背景導向。然而，當品質不再侷限於製造業時，這個問題便引起大部分經理人的關切。

　　所謂TQM的軟性層面在過去的教科書中並不太受重視，但幸好也沒被完全忽視。例如戴明在他的十四項重點中，有好幾項和人力資源管理有關（Bowen and Lawler, 1992）：

1. 設立在職訓練制度。
2. 消弭部門隔閡，促進團隊合作。
3. 消除工作場所的恐懼感
4. 取消線上人員之工作配額。
5. 創造員工能以其工作成就自豪之情境，包括廢除年度考績制度。
6. 規劃自我教育、自我成長的課程。

　　很明顯地，在TQM的哲學中，品質需要全部員工的投入，品質是大家的事。此外組織的結構也面臨調整，傳統監督式的管理方法應逐漸轉變為由員工自動自發負責的工作型態。所以軟性層面強調的是組織內的人力資源管理：受到適當激勵和良好訓練的員工比較能對組織做出貢獻。

　　TQM被認為可以減少不良品所帶來的成本耗費，因為它能促使每個人改善自己的工作流程，以達到最佳化的狀況。每位員工都把焦點放在顧客，因此不同領域、不同能力的人員都能在相同的基礎上溝通，使用相同的用語：「一切以顧客為重，一切以公司為重」（Wilkinson and Witcher, 1991），因此改善組織內部的溝通是TQM的要項之一。再者，許多專家學者也大力鼓吹團隊合作的重要性，團隊合作不僅是持續品質改善的機制，也是組織內重要的工作形式，這個部份在裘藍（1988）的著作中有詳細的論述。此外，持續性品質改進的過程中，員工參與決策的情形日漸增加，但是參與的廣度與深度則較少被探討（Hill and Wilkinson, 1995）。

　　很少有TQM文獻會討論到人力資源管理的幾個議題例如：遴選、工作績效與薪酬，甚至對績效評量以及用績效來分配薪資採取負面的態度。這個蓄意遺漏和不平等對待的現象反映出，在根本上他們否認整體和個人對績效的相對性貢獻（Waldman, 1994），而把品質改善、績效、工作效率等企業經營指標的貢獻歸諸於整體而非個人的工作表現。既然員工本身無法對前述指標有直接貢獻，人力資源管理的幾項議題就與TQM的推行沒什麼關係，甚至變成一條死巷子。然而，從人力資源管理的角度上看來，這卻是過度單純化的想法，在這樣的狀況之下，員工可能會因此故意忽視那些所謂的重要品質管理工具的影響力。

　　近年來TQM的研究領域除了開始強調人力資源管理的重要性之外，也有許多人力資源領域的專家學者加入此一議題的探討。這個現象顯示出兩個事實。第一，品質管理的觀念已經由品質保證階段轉變為廣義的TQM階段，強調人員管理的重要性。第二，越來越多的證據顯示TQM的推行有所謂軟性層面的問題必須解決（A. T. Kearney, 1992; Cruise O'Brien and Voss, 1992; Plowman, 1990）。歐布萊恩與佛司的研究（O'Brien and Voss, 1992, p. 11）提到：

品質必須靠廣大員工的參與和承諾才能達成。許多公司的經理人提出各式各樣的人力資源策略，但是大部份都與品質無關…，把人力資源和品質分離開來，將減緩品質觀念在公司內部散佈的速度。

無獨有偶，蓋司特（Guest, 1992）認為在高度信賴的組織中，TQM與人力資源管理兩者之間是密不可分的，因為第一，公司需要高水準又願意奉獻的員工；第二，TQM在一開始執行的可信度在某種程度上與經理人對待員工的方式密切相關；第三，因為品質強調的是參與和彈性，因此組織內部需要更高的互信基礎；此外他也認為企業內部將逐漸體認到全面品質管理和人力資源管理間有著不可分的連結與整合性關係（1992: p. 111）。有了人力資源管理，TQM需要更多策略性的方法來管理人力資源，然而許多企業採取的策略卻經常失敗（Wilkinson et al., 1991）。此外，TQM的專家究竟是否了解贏得員工信賴的困難度，並且把改進的行動限制在過度狹小的範圍中也頻頻遭到質疑（Hill, 1991; Snape et al., 1995）。

人力資源策略與實務

要在TQM軟性與硬性的層面中找到平衡點，必須重新檢視現行人力資源政策以及其推行狀況。很明顯地，人力資源政策必須與組織的品質政策一致，並且能反映出組織在品質上的價值觀、願景和使命，使得與品質政策不同甚至相反的訊息無法在管理階層中流傳，以及使得人力資源政策與實務實際上對於TQM的進行有著加速與支持的效果。

在下面的幾個部份，我們將會對於幾個人力資源的重要議題進行深入

的討論。

教育與溝通

　　大部份的公司都很重視這項工作，只是使用的媒介各有不同，像是影片、簡報、雜誌、資訊通訊、佈告欄等，而這些媒介也常被用來頒佈與強化公司的品質訊息。然而，高階經理人不該僅僅透過傳達政策來宣示其願景以及使命。如果能運用人力資源部門的功能，將可強化訊息的力量，而且超乎紙上談兵的階段。但是這種提昇工作效率的方法一直受到批評，例如戴明（Deming, 1986）就不贊成這類激勵性的方法，他說：

> 消除所有要求員工零失誤與提昇生產力的標語、獎勵和目標！這
> 些東西只會造成勞資的對立關係，因為生產力不佳的原因多半來
> 自生產體系本身，跟員工無關。

招募與遴選

　　TQM對於新進員工遴選過程的影響可以英國的例子來看（IRRR, 1991）。有些公司利用許多複雜的方法來遴聘新員工，包括心理測驗、性向測驗等工具來評量應徵者是否能融入公司的品質文化。面試時的「實際工作內容簡介」可以使新進人員的工作效率穩定，以符合公司文化。許多在英國的日本公司也開始採用這些謹慎的新人招募程序，希望能藉此營造一些類似英國大型公司如積架汽車（Jaguar）的文化。當公司要調任現職人員至新廠（生產新產品或採用新科技）時，性向測驗也經常用在人選評量的作業中。

評量

　　績效評量被視為管理階層了解品質要求達成與否的重要工具，但通常到最後都變成虛應故事（Snape et al., 1994）。由於TQM強調顧客的滿意度，因此應該把顧客的評價納入整體績效評量中。有些公司的確這麼做，而且還使用「秘密顧客」的方式，由偽裝的客戶去觀察第一線人員的工作狀況，並將觀察結果直接向高階管理者呈報。在BP和Rank Xerox兩家公司中，高層主管的部屬會負責評量各級主管施行TQM的決心和態度；此外，這些部屬還會用自己的客戶滿意度調查數據來挑戰主管所給予的考績分數（Snape et al., 1994）。證據顯示，一些公司開始重新評估其績效評量體系，加入與品質相關的評量標準，以藉此傳達公司對品質的態度。在許多管理的層面，我們可以很輕易地發現公司品質哲學（如「品質至上」）和實際管理工作狀況（如員工並非根據品質原則加以評鑑）之間有極大的鴻溝。當政策與實際產生矛盾時，在員工間就容易對公司批評，也容易有挫折感。為了創造更開放的管理風格，公司還可以讓部屬打主管和同事的考績。

　　有些品質專家，特別是戴明，認為績效評量制度和TQM的精神互相矛盾，並指出這種考績和管理制度是西方管理的一大危機。這種管理方法被戴明稱之為「恐懼管理」（Management by Fear）。用這個方法來管理，員工只重視短期的績效並用以應付無所不在的考績制度，每當發現問題時只想掩飾，卻不想解決。戴明（Deming, 1986）曾說：

> 考績制度鼓勵人們在體制內做到最好，但卻不鼓勵員工想辦法改善體制；一動不如一靜。
>
> 無論是績效評比、考績制度或是年度考核……都助長了短期的表現、也限制了長程的規劃、營造恐怖氣氛、摧毀團隊合作、並促

進敵對關係與政治手段的運用。

此外，大部分低階員工的表現全由受他人所控制的體系來決定。但是西方的管理模式似乎又傾向於在現行考績制度下施行TQM（Snape et al., 1996）。這種作法主要是因為經理人只想在考績制度中，加入品質的指標（Bowen and Lawler, 1992）。舉例來說，在Hill（1991）的客戶中有一家美國辦公室自動化設備公司，他們考核經理人的方式是看他們是否能依照TQM的程序進行管理工作，以及其部屬在品質管理活動中的參與程度。

因此，在實際運作上，引進TQM的公司通常會運用適當的考核和獎勵使管理行為能與品質管理原則一致，儘管在一開始他們只是要求部屬主動、志願地配合TQM的各項措施（Hill, 1991）。丹尼爾與芮茲伯格（Daniel and Reitsberger, 1991）曾提出證據顯示日本人已經調整其管理體系，推行持續品質改進運動，並且以目標設定和員工回饋等方式來達成某些品質目標。但是成效如何呢？寇姆（Kohn, 1993）認為績效導向的薪資制度只能鼓勵員工設法獲得最高的報酬，如果他的觀點是正確的話，那麼單純以員工參與品質體系的程度（如提案的次數、各類品質小組的數目、使用統計圖表的種類與數目）來代表其績效將會是一種危險的作法。員工的績效應該以個別表現來評量，還是在團隊中的表現來衡量？品質指標（如顧客滿意度、不合格產品數、品質成本）會取代傳統的績效評鑑體系嗎？這些問題都需要仔細地考慮（Hill and Wilkinson, 1995）。

訓練與發展

菲佛（Pheffer, 1992, p. 45）認為員工的自主性、自我管理團隊和採用高薪策略的前提是員工不僅有改善工作表現的企圖，還要有改善工作的能力。所以他認為在新的工作體系中，訓練與員工專業技能的發展才是核心

要素，而訓練也可以減少員工流動率和長期請假的狀況。技能性的訓練（工具與技術）在TQM中佔有先入為主的地位，而軟性層面的訓練（如團隊合作）就比較少。在曼徹斯特大學科學與科技研究所（University of Manchester Institute of Science and Technology, UMIST）的人事管理研究中心（Institute of Personnel Management, IPM）進行的調查中，有一家名為CarCom的公司就能同時兼顧這兩種層面的訓練，而且他們認為這樣的訓練是測試管理階層之決心的最佳指標。縱使公司發生虧損，訓練發展的經費仍然持續增加，而各單位也會調整其單位內的工作時程，以配合訓練單位排定的課程表。同樣的，在另一家公司，Photochem，人力資源部門已經展開一系列的訓練課程，其中也包含一些指導團隊合作和人際溝通的科目（IPM, 1993）。MBNQA得主飛達快遞（Federal Express）公司從幾個方面著手訓練工作：第一、開設基本品質簡介課程；第二、訓練員工運用品質工具、團隊合作技巧、問題解決方案；第三、提昇員工專業技能（Herbig et al., 1994）。管理學會（Institute of Management）的一項調查研究中顯示，提供適當的訓練課程和品質管理計畫推行成功與否有著高度的正相關（Walkinson et al., 1993）。事實上，訓練的確是讓員工將企業價值觀內化的重要機制（Walton, 1985）。

TQM對管理的發展提供了不少的啟發，特別是在改變管理風格這方面。如果組織變的更有彈性、規範條文變的更少，將可使經理人開始運用人際溝通的技巧來激勵部屬。以長期來看，當公司組織扁平化之後，還會有跨部門的工作調動和平行工作的重新指派出現，就像是近年來日本公司所採行的情況一樣（Bowden and Lawler, 1992）

品質學會的研究結果（Wilkinson et al., 1993）指出，品質工作計畫推行之後，團隊合作的重要性和經理人的工作時間都會增加（請見表3.1）。此外，對經理人的要求也將會提高，因此經理人必須具備更多人員管理的技巧與能力才能勝任。在品質管理的體制下，一般認為員工會向主管的決

表3.1 管理學會（Institute of Management）的研究發現

以你在公司的職位來考慮經理人的工作，品質管理計畫會對經理人的工作面向產生哪些影響？

（表中的數字為作答者之百分比，以1-5分作為標準）

	1	2	3	4	5	
對經理人的要求更嚴苛 平均得分=1.11	16	60	21	3	0	對經理人的要求更寬鬆
增加工作自由度 平均得分=1.91	4	30	42	21	4	降低工作自由度
使經理人的決策受到上級更多的審查 平均得分=1.59	9	39	38	12	2	使經理人的決策受到上級更少的審查
增加員工對決策的質疑 平均得分=1.37	10	51	33	6	1	減少員工對決策的質疑
增加人員管理技巧的重要性 平均得分=1.12	19	57	19	4	2	減少人員管理技巧的重要性
增加經理人的專業知識要求 平均得分=1.35	13	49	29	8	1	減少經理人的專業知識要求
增加團隊合作的重要性 平均得分=.86	34	49	15	2	1	減少團隊合作的重要性
增加經理人的工作時間 平均得分=.96	32	44	19	4	1	減少經理人的工作時間
改善職業生涯的前景 平均得分=1.77	6	27	56	9	3	限制職業生涯的前景

附註：受訪者的公司曾進行或正進行品質管理宣傳活動。
來源：Wilkinson et al., 1993。

策提出較多質疑，而主管本身也會受到其更高層主管更多的垂詢，也就是說他將受到來自上下兩方面的壓力。

現在大家都理解品質管理計畫會對公司的董事會、資深、中階以及低階的經理人產生衝擊，但是衝擊的大小卻因階層不同而有差異。研究顯示職位高低和對其工作所賦予處理上的自由度大小有明顯的相關。階層越低者，工作中所賦予的自由度越低，有些低階的管理人員甚至認為品質管理計畫根本就是在降低其工作在處理上的自由度。

當各個階層的經理人都認為品質管理計畫比較強調人員管理的工具與技巧時，高層經理人的感覺似乎更為深刻，看起來似乎高層經理人比較了解品質管理計畫所需的技巧。然而有趣的是，當各階層經理人覺得品質管理計畫增加他們的工作時間時，抱怨最多的卻是組織內的中階主管（Wilkinson等人，1993）。

獎勵與認同

菲佛（1992）認為「當員工有責任改善自身工作表現並使公司獲利時，他們就有權分享利潤，這樣才是具有公平與正義」。缺乏公平性將降低工作士氣和生產力，因此要推動品質管理理念，公司必須放棄以產出為主的薪資政策。

在TQM的文獻中往往假設員工會熱中於參與品質改進的工作，而不會期待額外的獎勵。甚至有些經理人認為改善工作表現是員工分內的日常工作，無須直接給予獎勵。

克羅斯比和戴明兩位品質管理大師十分反對以金錢作為誘因（Drummond and Chell, 1992）。舉例來說，克羅斯比（1979）認為用金錢來引誘員工達成品質目標是很危險的，因為員工會因為自己的努力被貼上價格標籤而感到受辱。對克羅斯比來說，獎勵必須是中性的，一方面要有實

質的鼓勵，一方面要能給予象徵性的獎勵（如徽章）。戴明同樣也厭惡用金錢作為改變工作態度的工具，他認為應該把重點放在團隊合作以及個人在團隊中的貢獻。然而，一些有關報酬與組織行為的文獻仍然認為金錢是改變態度的重要因素，而且可以明白地指出企業的經營策略。舉例來說，布魯司特與瑞奇貝爾（Brewster and Richbell, 1983）指出，員工經常可以發現政令宣導（經理人所說的）和實際執行（經理人所做的和他期望部屬如何去做）之間有所差距。以薪資來看，經理人把品質當作第一要務，但如果他繼續要求貨物準時出貨並依據員工生產的數量來計薪，那便是說一套做一套了。皮亭頓（Piddington et al., 1995）的研究設計出一套獎勵方法叫做「改善機會計畫（Improvement Opportunity Scheme）」，並在Betz Dearborn公司中成功地推行。這個計畫鼓勵員工主動參與工廠生產改善，員工如能提出改善生產的有效意見，公司就會給予積分，當分數達到1000時，公司就提撥25,000英磅由提案員工平分。包溫與羅勒（Bowen and Lawler, 1992）也認為，許多國家的企業都有類似的價值觀，即當員工表現優良時就應給予較高的薪資，否則他們會認為受到不公平待遇。

　　許多專家學者研究的重點並不在於是否要引進新的薪資體系，而是如何在TQM的原則下發展適當的薪資體系。因此，包溫與羅勒（Bowen and Lawler, 1992）建議應該把計薪的重點放在團隊、及單位表現還有專業技術的取得上。以專業技術為基礎的薪資制度，利潤與利得的分享跟品質改善與資源節約有重要關聯，可視為適當的語因型式，有助於推行持續品質改善的工作。

工作設計

　　詹姆士（James, 1991）討論到TQM和工作生活品質時十分強調工作設計的重要性，他認為當員工從事有意義的工作，而且他們的付出可以得到

立即回饋時，員工就會更努力（請見第七章）。TQM所強調的靈活彈性和團隊合作也需要把過度詳細而固定的工作說明書擺一邊（Bowen and Lawler, 1992）。

單一職等

　　單一職等有助於責任分攤與品質的持續改進，同時能消除「我們」─「他們」這類本位主義的隔閡。這個概念與戴明的理念不謀而合。很明顯地，推行單一職等制度的關鍵在於高層經理人的決心。因此在Electron公司中，就由管理部門的主管利用一對一的員工訪談，了解員工在工作環境中遇到的不愉快事件，並將公司推動品質的觀念與過去的作法加以澄清（Wilkinson, 1996）。菲佛（Pfeffer, 1992）認為職位象徵使員工之間出現隔閡，也形成了在決策分權化以及員工的承諾和合作這兩方面的重大阻礙。他認為「象徵平等主義」（Symbol Egalitarianism）可以代表一家公司不論是圈內人或是圈外人，都有相當程度的平等性，因為公司中不會有人只是「想」，有人拼命「做」。這樣的政策在英國的日本籍公司很常見。初期的倡導工作包含全體統一的制服、不分職等的員工餐廳、無專用車位之停車場、全部員工都是薪水階級（而不是只有第一線員工才領時薪）、開放辦公室門禁（取消秘書或警衛之看守）以及辦公室的大小與位置的規定（去除職位高低與辦公室大小之關係）。然而經理人可能會拒絕這些改變，因為影響他們現有的職位象徵。UMIST的蓋佛瑞（Godfrey）以及其他學者所作的研究認為，單一職等的推行還可以從心理學的層面來分析，例如：在日常溝通時與對方互動的方式、他們說話和聽別人說話的態度如何、稱呼對方姓名的方式等。簡單來說，要讓每個人都能夠被當作是個「人」來對待，需要許多結構上與態度上的改變。

員工參與

　　鼓勵員工參與的形式很多，有由上向下的直接溝通、或藉由問題解決小組透過經理人和工會代表以業務會議或公司董事會的方式來取得員工意見等等；同樣地，員工參與的主題從一般議題到策略的規劃、社會議題到員工運動會甚至到高層的財務及商業資訊等等，形式及議題的範圍均十分寬廣。威爾遜（Wilkinson et al., 1992）把員工的參與分成幾個不同的種類：

1. 教育、溝通、關懷客戶
2. 改善工作權責、在同階層中輪調工作
3. 解決問題、採納員工意見

　　雖然這些作法在本質上並不激進，要想成功推行則必須營造品質至上的氣氛，才能使員工了解品質的意義，並激發經理人鼓動士氣、達成組織目標的能力（請見第七章）。菲佛（Pfeffer, 1992）認為必須鼓勵員工主動提供意見與想法，讓員工可以自行控制自己的工作進度，也就是說員工必須受到鼓勵去分析自己所負責的工作並尋求藉由本身的創意來改善工作的績效。這也就是要推行所謂的自我管理，讓每一個員工都有自己就是經理人的想法（Every Employee A Manager）。他也指出，證據顯示提高員工參與的層次，將可增進員工滿意度與生產力；然而這種員工滿意度以及工作績效和員工參與具有高度相關性的觀點在最近受到多方的爭議（Marchington等人, 1992）。

員工關係

要徹底實行全面品質管理，必須改造組織、檢討工作方法和實際的操作方式以及作業現況。傳統的TQM文獻主張由員工負起品質管理的責任，而且要調整傳統工作角色及需要激勵與在職訓練來配合。然而，接踵而來的問題（尤其在製造部門）還有職位控制、工作實務和工作薪酬等。在Photochem公司中，為了要維持員工士氣，決定要由經理人與員工一起引進即將進行的改變，而不是忽視或略過員工們知的權力（IPM, 1993）。當TQM的內容涉及失業的危機和加重工作的負擔時，考量勞工關係就變得很重要。此外，還要顧及工會的反應，因為在推行TQM的過程中，企業可能會排斥工會作為公司與員工溝通管道的地位；因此，向可能被忽略的對象強化承諾就變得刻不容緩。然而，工會也不必然站在反對TQM的立場；根據TUC（Trade Union Congress）在1994年提出的人力資源管理報告，管理階層與工會在進行組織變革的過程上可以攜手合作（Marchington, 1995）。其中關鍵取乃在於經理人的動機，以及組織改變的精確性質。因此楚利和沃德涅（Trurley and Wirdenius, 1989）指出，「經理人必須謹記員工對生產目標的承諾來自於目標的可接受性與合法性，還有他們所感受到對於工作分配的正當性」；此外，在開始改變之初，還要注意許多因為不瞭解狀況而導致的困擾與麻煩。

根據某項研究指出，TQM在初期被企業視為在本質上為經營政策，並未考慮工會的干預；而且在事業部策略的層次上TQM也不被視為工會關心的問題，一直到在組織中推行。因此，當TQM往下推行到組織中，員工關係的層面所造成的問題越來越嚴重。例如當一家機具公司推行TQM之後，員工可能會因為本身在品質保證上的重要角色，因而要求較高的工資；而在服務部門中，情況可能較為緩和，因為管理當局的高度優勢延展

到人員管理的相關議題中（Wilkinson et al., 1992）。

　　管理當局也許視其作法為一套中性的技巧和工具，然而如同戴明（Deming, 1986）所說，公司的制度通常被員工視為一種壓迫。當員工和工會發現無法質疑各項管理作法的邏輯性時，他們大多會以自己的方式來解釋、評量和回應管理的新措施並監督這些措施的推行與運作。

　　因此，既然TQM代表一種提供員工機會的正面訊息，那麼讓員工認為管理當局很重視這些訊息就十分的重要。在這種情境下，員工參與才會被視為是有利可圖，也就是在企業引進TQM之初，就讓員工瞭解到工作量增大和責任加重事實上也代表著報酬相對會增加。換句話說，TQM是勢在必行的措施，關係到組織中每一個人共同的利益與價值，而管理當局的政策是正當的，其來源來自客戶的要求，儘管很多時候這些要求是由管理階層自行解釋。許多人在著作中經常提到英國公司內部勞資雙方敵對、互不信任的關係（Guest, 1987），若TQM是在那樣的情境中推行，可能得到的結果只有員工的抱怨。因此菲佛（Pfeffer, 1992）認為，工作的穩定性可以使員工長期投入於自己所負責的工作，只靠工作契約書是無法讓員工產生忠誠度的，更別提要為企業的利益投注全心全力。他認為，當員工覺得自己的工作有保障的時候，他會變得比較願意參與工作流程的改善，因為他不用再擔心自己或同事的飯碗隨時可能不保。同時，工作穩定度也代表更謹慎的招募策略（在選擇新進員工的過程中投注更多的心力）和在職訓練，員工和雇主也會投資更多的心力在教育訓練上（見 Godfrey et al., 1996）。

　　對於人力資源的重視，使我們不得不對於在進行TQM的過程中，人事部門扮演的角色感到疑問。因為企業的人力資源問題多半源自人事部門本身。列吉（Legge, 1978）曾著有一本討論人力資源工作的經典之作，書中寫到：

有些公司雇用非專業的人士來決定如何才能有效地運用人力資源，他們既缺乏專業知識來制訂適當的政策，又低估人力資源在企業決策中的重要性，這種作法絕對不是正確的人力資源管理。

因此，專業人員的貢獻在所有人力資源的議題中佔非常重要的地位（Herbig et al., 1994）。蓋爾斯和威廉斯（Giles and Williams, 1991）認為，TQM 如果不是人事部門的機會（因為 TQM 本身就有人力資源管理的意涵），就會使人事部門變成一個逐漸式微的角色（因為重要的事務人事部門都無權過問）。不管如何，他們認為人事部門的專業人員事實上可以作為品質管理流程的「守門員」，特別是在幾個重要的流程例如遴選、績效評量、訓練和獎懲等等。人事部門是各種達成目標的企圖和維持策略性變革的樞紐，而品質可以將資深經理人和人力資源專業人員結合在一起，把人力資源管理轉換為策略性的人力資源管理（Bowen and Lawler, 1992）。

人事工作的類型可以分為層次與位階兩個概念。層次可分為策略性層次與作業性層次，或許用「設計師」和「工作人員」這兩個名詞可以較輕易地凸顯兩者間的差異（Tyson, 1987）。董事會中須有人事部門的代表出席，大多數的人事經理人直接向總經理報告以及資深管理團隊不時提出人力資源管理的想法等等都可以說明這方面的工作。人事部門的工作也與一些概念例如位階或權力有關，其概念可以從不同的術語如干預、創新或能見度、反應性、支持或低位階上可以清楚分辨出來。有些企業的人事部門只是在幕後支援直線經理人的管理活動，而有些則是會主動地進行組織內跨部門間的活動。結合這兩個構面，我們可以把人事部門的角色區分成四種：策略性／高位階、策略性／低位階、作業性／高位階和作業性／低位階（見圖3.1）。

此一模型有助於我們檢視各種人事部門在功能上扮演的角色。人事管理研究院（Institute of Personnel Management, IPM）進行的研究中發現，人

図3.1　人事部門在全面品質管理中扮演的角色

事部門在許多方面與TQM直接相關（Marchington et al., 1993; Wilkinson and Marchington, 1994）。雖然所有的人事部門基本上扮演促進者的角色（與傳統上人事部門被期望扮演的角色差異不大），但是大多數的情況下他們所額外扮演的角色對TQM的推行將會有更重要的貢獻，這些角色包括變革代理人、隱形的說服者或內部的承包商（承包公司各項改革工程）等。

　　變革代理人（策略性／高位階）的貢獻度高，在組織中的能見度也較高。一方面變革代理人負責推動組織中各項品質改善工作或扮演中立的角色來評量組織結構和文化，使TQM得以順利推行。在一家製造業公司中，變革代理人的角色一方面透過人事部門主管在董事會中發揮影響力，一方面透過品質改進指導委員會在組織中展現實際功能。其總經理認為人事部門可以「協助創造組織文化與結構，使TQM有機會推展下去」；品質管理經理人認為人事部門可以提供「改革的動力」；而工會召集人則認為人力資源管理的配套方案是「TQM延伸至人員的管理」。

　　第二種角色，隱形的說服者（策略性/低位階），在IPM的研究中比較不常見。透過這種角色，人事部門在決策層次上運作，與組織的最高主管密切合作並提出相關的提案。雖然人事部門在扮演這種角色時的能見度不高，然而總經理仍可指派人事部門的人員協助品質經理人制訂品質計畫，

因為他們可以用中立的角色全盤檢視改革的流程。人事經理人過去被視為新政策在廣泛討論之前的共鳴箱（用以試探意見是否可行），也就是說即使人事經理人比起其他經理人甚至是員工在組織中的能見度低，實際上可以透過在決策層次上的運作發揮更大的影響力。

　　第三種角色稱為內部的承包商（作業性／高位階），在IPD（人力資源與發展研究所，Institute of Personnel and Development）的幾個研究案例中明顯可見。某些組織擬訂人力資源實務的目標或標準並對內部的消費者公開兜售。在一個幾年前就已經通過一系列ISO9000系列標準的軟體顧問公司中，其人事部門跟幾個選定的員工討論一番之後推出自己的「人事產品或服務的品質目標」。人事部門整體的工作目標是「向經理人和員工提供人力資源的政策宣導、服務與資訊，並藉由向外部的訓練、招募以及官方等機構傳播徵才訊息，以獲得或維持工作團體的生產力。」這些產品與服務包含職位的提供與合同、新進員工輔導、資遣與懲戒措施的建議，並且分別針對特定的「顧客」，對於服務的層次（如回應的次數）也一一註明。

　　在所有的組織中，人事部門都會扮演促進者的角色。在員工的教育訓練方面，人事部門在品質管理意識的喚醒以及原則的傳遞具有一定的重要性。在有些個案中，這一類的教育訓練完全由人事部門負責，但在大多數的情況下，都是由品質管理部門和人事部門共同合作。訓練的項目從品質認知訓練、品質技巧、與工具的運用，到團隊合作課程和管理發展課程等等，種類繁多。此外人事部門在溝通上也扮演重要的角色，其工作包括發佈任務公告和準備各式手冊與傳單等。此外，人事部門也負責態度調查的設計與實施，藉由這些調查可以明白TQM對於改變員工的觀點是否產生成效。

　　實際上，上述四種角色中人力資源部門除了是促進者之外，還會扮演一種以上的角色。如果人事部門在單一地點，則往往會在不同的場合或時間點干預不同的層級；或在多國籍企業集團中，人事部門的人員可能分駐

到不同的層級，即總公司、分公司、不同的地點。

　　請注意，前面討論的四種角色並非代表人事部門可自由決定所有的選項，有三個重要的因素會影響人事部門扮演何種角色。第一項是人事功能的實施與地位。很明顯地，人事部門原來只行使基本的作業性角色並不會因為TQM的導入而立即轉為策略性角色。因此，平常根據「基本原則」工作的部門，在TQM的制度下還是會依循原有的路徑推行業務。第二項是推行TQM的原始想法。推動TQM的人對TQM通常都有自己獨特的認知，由行銷總監所制訂的TQM計畫可能和生產部門所制訂的大相逕庭。第三項是TQM初期各項措施在本質上提供給人力資源專業人員參與的狀況。推行TQM有一部份反映了品質保證工作需要再提升的需求，使人事部門的員工有機會指出過去的錯誤，推動組織向上提昇並協助克服這些困難，使他們擁有在組織變革中扮演策略性角色的立足點（Wilkinson and Marchington, 1994）。

　　一般認為人事部門沒有生產、行銷、設計部門之間常見的衝突，因此可以較客觀地處理變革的問題。因此把某些可能引起爭議的組織問題指派人事部門處理較為適當，例如對團體或個人的重視程度不同的問題。鮑恩和勞勒（Bowen and Lawler, 1992）指出推行品質改進時，人事部門的功能在於：

1. 初期的品質活動。人力資源部門必須重新設計薪資制度或引導方案，因為大多數的員工不瞭解，這可以當成重整工作的一種形式；在部門內部則可以運用因果分析的方法來重新定義。

2. 重視「客戶」。人力資源部門可以變得更服務導向，以滿足「客戶」（其他經理人）為目的，而不是僅根據部門的規章辦事。「客戶」在這個階段也可以參與對自己有影響的決策。

3. 策略性的全面改善方案。品質改善工作可能導致經營目標、組織結

構、工作設計和管理方式的改變。

4. 持續性品質改善。人力資源部門可以嘗試建立價值觀與實務以支持
   持續改善的觀念。

5. 相互尊重與團隊合作。人力資源部門必須消弭員工的恐懼感，因為
   組織的階層結構可能改變，員工參與與互助合作的工作態度必須獲
   得支持。

　　人力資源部門必須了解自身角色的動態，因為品質改善在本質上是一
項持續性的工作，而不是做完就結束的計畫，使人事部門有機會在不同的
領域中付出貢獻。

　　在一項IPM主持的研究計畫中，發現人事部門可以在五個不同的階段
中發揮影響力（Marchington et al., 1993）。在籌劃階段，人事專業人員可以
協助制訂推行TQM的初期工作，並根據TQM的哲學和本身與組織內部溝
通的實務扮演TQM的塑造角色，但這得靠人事部門在組織中的影響力和接
近與說服高層的機會而定。如果這些條件成立，以下就是人事部門在這個
階段能影響的層面：

- 準備並綜合其他組織推行TQM的相關報告；
- 協助選擇進行TQM的適當方法；
- 影響選擇TQM基礎結構的型態以及適合引入TQM的企業文化；
- 塑造適當的組織結構與適合引入TQM的企業文化；
- 設計與實施經理人的發展課程，並協助建立適當的組織氣氛。

　　在推行階段，人事專業人員可以扮演促進者的角色以確保TQM能順
利引入企業中，他們可以負責下列的活動：

- 訓練中階主管與領班，使其瞭解如何向部屬介紹TQM的流程；
- 訓練促進者、種子教師和團隊成員，使其熟悉人際溝通技巧和如何

管理TQM的流程；

- 培養經理人執行TQM所必須表現的行為模式；
- 籌備各項溝通性活動以正式宣告TQM的推行；
- 與員工和工會代表協調有關TQM的導入與發展等問題；
- 協助董事會制訂適當的使命宣言，準備向員工及客戶宣告品質改善目標。
- 研究如何處理不願配合持續性改善工作的經理人及員工。

在協助制訂和推行TQM的各項工作之後，人事專業人員可以進一步維持並強化其在組織中的角色。在第三階段中，人事部門的積極參與可以確保TQM的推行在組織內受到更高度的重視而不至於降溫，其主要貢獻在於下面這幾個部分：

- 在訓練課程中介紹並更新當前TQM的重要元素；
- 確保工具、技巧、系統和流程等方面的訓練可以持續在組織內運作；
- 重新設計評鑑工具使其包含TQM重要的執行目標；
- 草擬或審閱有關TQM的簡報新聞稿或文件；
- 協助品質改善小組或建議有助於改善工作流程的方案或想法；
- 確保組織建立適當的獎勵制度。

人事專業人員可以從日常工作的角色或擔任持續評估進展的一部份，對TQM的第四個階段─檢視階段做出貢獻，包括：

- 協助準備年度TQM報告；
- 評量TQM的基礎結構（指導委員會、品質服務小組、品質改善小組等）之運作成效；
- 籌劃並執行員工對TQM的態度調查；

- 促進並協助掌握組織與其他競爭者或不同的部門／國家，在推行 TQM方面成效的比較；
- 促進並協助組織以 EFQM 的傑出企業模式或 MBNQA 的準則進行內部的 TQM 自我評鑑。

最後，在某種程度上結合上述各階段的貢獻，人事部門可以利用TQM的觀念，以前述內部承包商的角色審視人事部門本身的內部工作表現，審視的項目取決於組織與涉及的功能，但其中最典型的有：

- 於限定的時間內提供職位空缺公告與合約文件；
- 協助員工瞭解其職位的條件以及內容；
- 每年評量訓練方面的成效；
- 定期公布曠職率及人員流動率等資料；
- 對懲戒事項在特定及可接受的時間內提出建議；
- 根據 EFQM 及 MBNQA 中有關人員方面的準則來持續評量自身部門的表現。

然而，組織不應認為要求人事部門負責上述各項工作越多越好，因為內部資源會因此而過度分散，並且使人事功能流於追求一時的流行而忽略是否適合組織。

摘要

在本章中，我們討論TQM對人力資源管理的意涵和推行TQM工作時人力資源扮演的核心議題。我們認為改變員工態度的困難度通常被組織低

估，而且管理高層必須重新考慮現行的人力資源政策與實務。人事功能在推行TQM工作時的角色已在本章中清楚條列，我們認為組織如果無法妥善運用人事專業人員的技巧與能力，勢將無法成功推行TQM。

參考書目

Kearney, A. T. 1992: Total quality: time to take off the rose tinted spectacles, IFS Report.

Bowen D. and Lawler, E. 1992: Total quality-oriented human resources management. *Organizational Dynamics*, 20(4), 29–41.

Brewster, C. and Richbell, S. 1983: Industrial relations policy and managerial custom and practice. *Industrial Relations Journal*, 14(1), 22–31.

Crosby, P. B. 1979: *Quality is Free*, New York: McGraw-Hill.

Cruise O'Brien, R. and Voss, C. 1992 In search of quality, London Business School Working Paper.

Dale, B. G. and Plunkett, J. J. (eds) 1990: *Managing Quality* 1st edn. London: Philip Allan.

Daniel, S. and Reitsberger, W. 1991: Linking quality strategy with management control systems: empirical evidence from Japanese Industry. *Accounting, Organizations and Society*, 6(7), 601–15.

Dawson, P. 1994: Total quality management. In J. Storey (ed.), *New Wave Manufacturing Strategies*. London: Paul Chapman, pp. 103–21.

Deming, W. E. 1986: *Out of the Crisis: Quality, Productivity and Competitive Position*. Cambridge, Mass.: MIT Press.

Drummond, H. and Chell, E. 1992: Should organizations pay for quality? *Personnel Review*, 21(4), 3–11.

Evans, J. and Lindsay, W. 1995: *The Management and Control of Quality*, 3rd edn. St Paul, Minn.: West.

Giles, E. and Williams, R. 1991: Can the personnel department survive quality management? *Personnel Management*, April, 28–33.

Godfrey, G, Wilkinson, A. and Marchington, M. 1997: Competitive advantage through people? UMIST Working Paper.

Guest, D. 1987: HRM and industrial relations. *Journal of Management Studies*, 24(5), 503–22.

—— 1992: Human resource management in the UK. In B. Towers (ed.), *The Handbook of Human Resource Management*. Oxford: Blackwell.

Herbig, P., Palumbo, F. and O'Hara, B. S. 1994: Total quality and the human resource professional. *The TQM Magazine*, 6(2), 33–6.

Hill, S. 1991: Why quality circles failed but total quality might succeed. *British Journal of Industrial Relations*, 29(4), 541–68.

Hill, S. and Wilkinson, A. 1995: In search of TQM. *Employee Relations*, 17(3), 8–25.

IPM 1993: *Quality, People Management Matters*. London: Institute of Personnel Management.

IRRR 1991: The start of selection, 24 May.

James, G. 1991: Quality of working life and total quality management, occasional paper no. 50, Work Research Unit, ACAS.

Juran J. 1988: *Quality Control Handbook*. New York: McGraw-Hill.

Kohn, A. 1993: *Punished by Rewards*. Boston, Mass.: Houghton Miflin.

Legge, K. 1978: *Power, Innovation and Problem Solving in Personnel Management*. Maidenhead: McGraw-Hill.

Marchington, M. 1995: Fairy tales and magic wands: new employment practices in perspective. *Employee Relations*, 17(1), 51–66.

Marchington, M., Goodman, J., Wilkinson, A. and Ackers, P. 1992: New developments in employee involvement, Department of Employment Working Paper, London.

Marchington, M., Wilkinson, A. and Dale, B. 1993: Quality and the human resource dimension: the case study section. *Quality, People Management Matters*. London: Institute of Personnel Management.

Oakland, J. 1989: *Total Quality Management*. London: Heinemann.

Petrick, J. and Furr, D. 1995: *Total Quality in Managing Human Resources*. Delray Beach, Fla.: St Lucie Press.

Pfeffer, J. 1992: *Competitive Advantage through People*. New York: Free Press.

Piddington, H., Bunney, H. S. and Dale, B. G. 1995: Rewards and recognition in quality improvement: what are they key issues? *Quality World*, March (technical supplement), 12–18.

Plowman, B. 1990: Management behavior. *The TQM Magazine*, 2(4), 217–9.

Schuler, R. and Harris, D. 1991: Deming quality improvement: implications for human resource management as illustrated in a small company. *Human Resource Planning*, 14, 191–207.

Snape, E., Redman, T. and Bamber, G. 1994: *Managing Managers*. Oxford: Blackwell.

Snape, E., Redman, T., Wilkinson, A. and Marchington, M. 1995: Managing human resources for total quality management. *Employee Relations*, 15(3), 42–51.

Snape, E., Wilkinson, A. and Redman, T. 1996: Cashing in on quality? pay incentives and the quality culture. *Human Resource Management Journal*, 6(4), 5–17.

Thurley, K. and Wirdenius, H. 1989: *Towards European Management*. London: Pitman.

Tyson, S. 1987: The management of the personnel function. *Journal of Management Studies*, 24(5), 523–32.

van de Wiele, T., Williams, A. R. T., Dale, B. G., Carter, G., Kolb, F., Luzon, D. M., Schmidt, A. and Wallace, M. 1996: Self assessment: a study of progressive Europe's leading organisations in quality management practices. *International Journal of Quality and Reliability Management*, 13(1), 84–104.

Waldman, D. 1994: The contribution of total quality management to a theory of work performance. *Academy of Management Review*, 19(3), 510–36.

Walton, R. 19985: From control to commitment. *Harvard Business Review*, March/April, 72–9.

Wilkinson, A. 1992: The other side of quality: soft issues and the human resource dimension. *Total Quality Management*, 3(3), 323–9.

—— 1994: Managing human resources for quality in B. G. Dale (ed.), *Managing Quality*, 2dn edn. London: Prentice Hall, pp. 273–91.

—— 1996: Variations in total quality management. In J. Storey (ed.), *Blackwell Cases in Human Resource and Change Management*. Oxford: Blackwell, pp. 173–89.

Wilkinson, A. and Marchington, M. 1994: TQM – instant pudding for the personnel function? *Human Resource Management Journal*, 5(1), 33–49.

Wilkinson, A. and Witcher, B. 1991: Fitness for use: barriers to full TQM in the UK. *Management Decision*, 29(8), 44–9.

Wilkinson, A., Allen, P. and Snape,. E. 1991: TQM and the management of labour. *Employee Relations*, 13(1), 24–31.

Wilkinson, A., Marchington, M., Goodman, J. and Ackers, P. 1992: Total quality management and employee involvement. *Human Resource Management Journal*, 2(4), 1–20.

Wilkinson, A., Redman, T. and Snape, E. 1993: Quality and the manager: An IM Report, Corby Institute of Management.

第四章

高级主管不可不知的品質
成本

概論

　　想要不斷地對流程進行持續性的改善，聚集並運用與品質相關的成本是其中的關鍵，不過說來簡單，做起來卻很困難。因為組織內部對於這項數據會有許多反對與反公開化的聲浪，但那些堅持下去並獲致成功的組織終究會發現對這些數據進行研究對組織是有利的。很多企業的總裁在深入了解其公司的品質成本規模有多龐大之後，著實嚇了一跳，並立即為公司設立品質相關成本系統，以求控制成本、增加獲利並節省支出。此時企業最高主管與經營團隊堅持全面品質管理與進行品質改善行動的決心，會很重要。

　　本章將協助讀者了解品質成本的全貌，進而了解品質成本運作的內涵，並探討如何運用這些數據來發展促進改善的程序。

品質成本在全面品質管理中所扮演的角色

　　多數高級主管必須在看到TQM確實能改善獲利的證據後，才會開始對TQM感到興趣。而收集、陳報並利用與品質相關的成本資訊，是既能提供證據，又能促進改善程序的方法之一。

　　誠如本書先前所言，持續性改善需要耐性、耐力、堅持以及組織內各階層人員支持的承諾，特別是來自於資深經營團隊的支持。要維持改善的程序必須投注更多的努力。通常西方公司的管理當局需要向其母公司、董

事會和股東證明，投資於流程改善的成本具有投資效益，而且已經出現可以明確界定和掌握的成果。

有人認為，對於正式改善流程的投資並不需要向任何人證明獲利遠勝於成本，然而不幸的是，西方社會在短時間內須對組織及其經理人進行績效評估。評論家對執行長的批評之一，就是他們太看重短期目標，然而造成重視短期利益的始作俑者，卻是財務部門。鉅資投入改善活動卻沒做成本效益分析以及未考慮投資是否適時適所的作法，與許多西方企業的運作精神背道而馳。因此，當TQM的訓練、流程改善小組之運作以及著手處理專案等活動進行大約一年，卻還無法使TQM的實際效益逐漸浮現時，TQM的執行者就會開始緊張得直冒冷汗。部分學者（Schaffer and Thomson, 1992）指出，有些TQM取向因為過度重視訓練及以行動為中心的活動，所以初期無法呈現立竿見影與資源運用上的節約效果（也就是高投入，低產出）。

反之，在日本的組織中情況則完全不同。只要是與改善程序相關的投資，無論總裁、高級主管、股東或財務部門，對這項長期投資在短期內無法回收的事實都有一致的體認。在許多眾所皆知的案例中顯示，日本在海外興建的製造廠，一開始就有至少五年內無法達到損益兩平的準備。他們過去30多年的經驗所累積的智慧，已發展出長程的管理視野（詳見第九章）。

除了品質，組織在成本和運送上也要具有競爭力（QCD）。在著重以少量成本達成品質改善的現代社會中，組織想要生存必須在降低成本方面具體行動。因此，經理人須投注大量的心力，找出企業的核心營運活動，並找出浪費和無附加價值的活動。以汽車和電子產業為例，供應商在這方面經常在客戶的協助下以開卷式管理（open book）（譯注：指員工可以翻閱公司所有的營運資料）和目標成本法共同分析；至於其他組織，特別是精密以及高科技產業，則特別容易因為競爭者在科技以及流程上的突破而

蒙受損失。許多案例顯示，與品質相關的成本是主要的節省來源，也是要
在充滿競爭的年代中維持生存的主要因素。品質成本是眾多TQM技巧中，
能協助組織藉由確認並減少超額成本、浪費和無附加價值活動，以達成流
程改善的方法之一。

　　有人認為，檢討品質成本才是組織邁向TQM成功之路的第一步。的
確，若干全球知名企業是以品質成本做為公司內部績效表現的指標，運用
品質成本的概念，可以瞭解組織有多少成本浪費在與品質無關的工作上，
追蹤問題的原因及結果，並利用改善小組以及監控程序來解決問題。

　　對於品質成本相關知識的了解，不但可以幫助經理人確認投資於品質
改善程序的經費是否合理，還可以幫助他們監控努力的成效，並評估不同
的改善活動所帶來的成果。這些努力可降低失效與錯誤及相關費用，進而
釋放出員工的工作時間，使勞力的運作更有效率。品質成本能以總裁、董
事會、資深領導團隊、股東以及財務部門的共同語言來表達組織的品質表
現，這個共同語言就是一錢。董事會和資深領導團隊經常對品質保證的資
料無動於衷，但是當這些資料改以貨幣形式表達及呈現時，情況就完全改
觀。因此，有超過半數以上的管理顧問在與企業簽約進行TQM專案時，會
執行品質成本的評量，這項分析不管有多麼粗糙，其主要目的都在於說明
TQM的潛力。當企業的財務部門和企業的出資者發現，由於浪費以及未能
合乎消費者需求造成企業獲利可能的損失時，他們便會開始對於品質的議
題產生特殊的興趣。作業員以及線上經理人，對於這些以金額大小來顯
示，而不像傳統上以數字和百分比來呈現產品品質資料時，也會開始積極
地作出反應。

　　許多組織對TQM所可能帶來的成本節約大感驚訝，便立即著手發展
組織的品質成本系統，以追求最大獲利及成本控制的改善。儘管品質績效
的改善並非必定會按照比例反映在品質相關成本的變化上，高級主管也不
應小覷。企業營運者和資深領導團隊不只要建立收集品質相關成本資料的

必要機制，還要展現執行分析和充分運用這些結果的決心。

下面所提到的是一些企業總裁在「貿易和產業部門手冊－The Case for Costing Quality」（Dale and Plunkett, 1990）中所做的評論：

要想減少失敗的高成本，在設計和發展計畫之初就必須投入鉅資；要想製造出零缺點又能創造利潤的產品，一開始就必須儘可能設計出可以簡化製程的計畫。要達成這些目標，並不需要全面增加計畫成本，只需重新分配成本（Norman Wallwork, Quality Director, British Aerospace （Dynamics） Ltd）。

品質成本有助於發現那些可以投注改善努力的軟性目標（John Asher, Managing Director, Crown Industrial Products）。

四年前，品質還是產品銷售的訴求特色，但是現在已經全然改變。如果您現在還是汽車業的供應商，您必須追求更高的品質才是該行業的常態，無法達成更高品質的企業只有遭受淘汰的命運。消費者期望廠商透過成本降低計劃以及保固期間延長的協定，與企業一起分享持續性成本改善的成果。因此，如果不仔細追蹤品質成本，企業的利潤底線就會受到嚴重侵蝕而不自知（Tony Harman, Managing Director, Garret Automotive）。

從1992年企業所進行的各種活動中可以看出，提昇競爭力的概念已經逐漸成為市場的主流，不斷地改善企業運作方式變得很重要。正式的品質成本測量是改善流程的核心，有助於企業確認特定領域所耗損的成本（John Barbour, Managing Director, John Russell （Grangemouth） Ltd）

對於成長中的企業來說，品質必須是其中的一個基石，否則

企業快速的發展伴隨的就是一樣快速的沒落。品質成本就是其中
的一個觀測指標（Ian Elliot, managing Director, Pirelli Focom）。

雖然上述評語在在指陳品質成本的優點，但品質成本卻非解決品質問
題之萬靈丹，也不是品質改善的終點。無論使用何種工具、方法或系統，
品質的最終目標是要在績效上產生改善。

什麼是品質成本？

提到品質成本的核心，就一定會碰到判別哪些活動和成本會與品質相
關的爭議。品質成本沒有統一的形式，也沒有絕對的內容。定義才是用來
判定品質成本的主要特徵。惟有清楚明確的定義，人們對品質成本才能達
成共識並進行有意義的溝通。關於品質成本構成要素的定義並非直接易
懂，其中摻雜有產品的製造／營運程序和業務中與品質相關活動相重疊的
灰色地帶。在判定一群資料的可比較性時，不同的類別和要素必須先經過
詳細的定義。在定義還未建立及或尚未被普遍接受前，可能採行的方案只
有針對一組資料中的每一個要素來進行了解，這樣的方式雖然無法對不同
的資料進行比較，但是至少對於同一組資料中的要素可以獲得較多的了
解。缺少精確的定義和不符資格，所公開的品質相關成本數據是值得懷疑
的。在企業內部的高級主管尚未體認到品質成本這個議題的重要性以前，
通常對於要將所屬組織的品質成本與其他組織作比較，會產生一定程度的
抗拒。

值得注意的是，許多品質相關成本的定義都是似是而非的專有名詞。
很顯然，要找到清楚又廣爲接受的定義，因爲有各種不同的個案，故確實

有其困難存在。即使只為了進行成本的計算而對成本作出嚴謹的定義也會出現問題。事實上，考量到其他各種不同狀況下的品質（如訓練、供應商發展、設計和工程的變更，以及統計製程管制），並不需要對於哪些活動才是與品質相關而進行精確的辨識。

過度的野心和熱誠會鼓舞員工，包括管理顧問公司，促使他們試著把品質成本在企業總裁和資深管理團隊成員間造成最大的影響。因此，只要某項成本能與品質沾上一點邊，都會被納為品質成本的範圍，但這種擴大品質成本範圍的作法將適得其反。一旦成本和品質劃上等號之後，就無法節省這一類的成本，縱使這些成本與品質管理本身沒有絕對的關聯。當某項成本被宣告與品質有關，特別是那些屬於灰色地帶或三不管地帶的成本，要想否定這些成本與品質之間的關聯性就會顯得困難重重。

從許多品質管理的文獻中，我們可以可以找到有關品質成本類型及其組成要素的定義，此外在許多出版的專門書籍中也對於其中的各項議題有非常深入的探討（BS 6143:Part 2, 1990; Campanella, 1990; Dale and Plunkett, 1995; Hagan, 1986）。

近年來，對品質組成要素的看法快速改變。幾年前，品質的成本就是組織因為經營品質管理部門、實驗單位，以及瑕疵賠償所付出的成本總和，但是現在大家則普遍認同，品質成本是由於設計、執行、操作、維護一整套品質管理系統所造成的成本，此外還有組織資源投注在引進以及維持持續性流程改善所付出的成本、系統的成本，以及多年來企業內部因為產品或品質的失效和缺乏效率所造成的成本。

所謂品質系統的範圍可以從單純的檢查行為到達成一系列ISO9000所規範的品質要求或其他的品質系統認證標準（例如：QS9000等等）。系統失效可能會導致存貨過多、零件遺失、生產或作業的延誤、工作量增加、廢料耗損、重複的作業、延遲交貨、額外運輸成本，以及不良的售後服務，更嚴重還會使產品無法符合客戶的要求。成品／服務失效會導致顧客

對品質保障以及產品可靠度產生懷疑、產品的更換、顧客對管理以及檢查系統的抱怨、瑕疵品的退回、額外的顧客服務成本，同時也會失去在顧客心目中的良好信譽。

所以，與品質相關的成本不只是過去所認為發生在品質保證、檢查、監測、試驗、廢料、零件、生產與服務不符合顧客需求所造成的成本，而是牽涉到組織中所有與品質相關的部門。例如：

- 銷售與行銷。
- 設計、研究和發展。
- 採購、存貨控制。
- 生產和作業的規劃、控制。
- 製造和作業。
- 運輸。
- 設備建置。
- 服務。

這些成本並非全由生產單位所能決定或控制，供應商、合約商、貿易人員、存貨管理人員、代理商、經銷商、顧客還有消費者都會對品質事件造成影響，也會對於品質相關成本造成不同程度的變異。

品質成本的重要性

首先，品質成本的金額非常龐大。根據英國政府在1978年所進行的估計，品質成本大約是100億英鎊，相當於英國GNP的十分之一。根據國家經濟發展會議（National Economy Development Council; NEDC）的研究

（1985）發現，企業整體銷售金額的一至二成屬於品質成本，如果用一成來計算，每年英國製造業將可省下高達60億英鎊的成本。

　　UMIST的研究也顯示，品質成本通常佔公司營業額的5%-25%，這項成本依企業類型、經營狀況，以及企業對品質成本的認定，還有TQM的執行成效和持續品質改善的規模大小有關。克羅斯比（1985）認為，製造業有25%-30%的銷售金額被重複作業產生的成本所抵消，服務業則有40%-50%的作業成本也因而浪費，但是，克羅斯比並沒有實際的證據可用來支持其論點。

　　以下幾個例子取材自美國貿易及產業部的公開發行刊物（The Case for Costing Quality, Dale and Plunkett, 1990）。（除非特別說明，所有成本均為1988年的數字）

- Bridgeport Machines公司在1980年的品質成本是年度總銷售金額100萬英鎊的4%，不過在1988年，品質成本已下降至年度銷售金額的2%。
- British Aerospace Dynamics的品質成本佔所有製造成本的11%。
- 在British Aerospace Technical Workshops中，員工花費在品質相關的活動時間分別為，失效22.9%、預防失效19.4%、評量6.8%。
- Courtaulds Jersey在四年內，將品質成本從年度銷售金額的12.1%降到7.6%。
- Standfast Dyers and Printers在四年內，將品質成本從年度銷售金額的20%降到7%。
- Crown Industrial Products公司在1986年的品質成本佔原料加工成本的13%，但在1988年已經下降到8%。
- Garrett Automotive的渦輪增壓器部門（Turbocharger Division）在1986年，品質成本佔年度銷售金額的6.5%，但在1988年已降至

4%。

- Grace Dearborn 的品質成本是年度銷售金額的 20%。
- ICL 的製造和物流部門（Manufacturing and Logistics）在 1987 年的品質成本是 6000 萬英鎊。
- John McGavigan 在 1988 年的品質成本佔年度總銷售金額的 22%。
- 西敏寺國家銀行（National Westminster Bank）發現在所有的作業成本中，有 25% 的作業成本浪費在第一次沒有做好產品的控管，而進行第二次補救上。
- Philip Components Blackburn 以六年的時間，將全廠區的品質成本減低 60%。

其次，通常有 95% 的品質成本是耗費在評量與失效的活動上。這些費用對產品或服務價值並沒有多大的加分效果，至少，失效的成本應該要盡量避免。降低品質不符的因素來減少失效的成本，實際上也可以為品質成本帶來可觀的減低效果。根據戴爾與普藍克（Dale and Plunkett, 1995）的研究指出，組織藉由進行持續且正式的全面流程改善，品質相關成本在三至五年的時間內可以減少三分之一。

第三，不必要且應該避免的成本會讓商品和服務更昂貴。這將影響企業的競爭力，最後薪資、報酬以及生活標準也都會受到影響。

第四，儘管成本龐大，而且成本中的絕大部分都是可避免的，從 UMIST 的研究（Eldridge and Dale, 1989; Hesford and Dale, 1991; Machowski and Dale, 1995; Pursglove and Dale, 1995）可明顯看出，企業對於包括投資在避免和評量等與品質相關活動的成本與經濟效益，是一無所悉的。

衡量品質成本的理由

　　成本評量可以將品質相關的活動利用財務術語來表達。因此，品質可以視爲諸如商業營運中的行銷、研究發展以及製造／作業等等功能。

　　品質成本納入企業領域，將有助於強調品質對企業體質健全的重要性。這項重點證明確認改善的機會，並不只在於失效成本，也不只代表著另一項財務評量。在組織朝向TQM及持續性改善的階段中，可以影響員工的行爲、態度以及價值觀。許多組織內部的員工必須加以說服，使他們瞭解資深管理階層對於TQM是認眞的。典型的評論是「我們早就聽過這一套了」、「TQM是最新流行的管理學，但很快就會成爲昨日黃花了。品質成本是企業向所有員工強調，品質對於企業獲利具有相當重要性的一種方式（詳見第一章）。

　　品質成本的評量著重於高開支的領域、找出潛在問題的範圍與降低成本的機會。品質成本評量讓績效評量成爲可能，並提供產品、服務、製程和部門間相互評比的基準。透過品質相關成本的評量，特殊和不尋常的成本分配和標準，以及在廣爲運用的產品／作業和人工基礎分析中難以察覺的問題都會一一現出原形。品質成本評量可以挖掘出傳統會計程序無法發現的規格不符的問題。針對規範來詢問就足以分辨出那些在傳統實務上被忽略或遺漏的情況。該項評量也可以免除那些在品質相關議題下那些令人爲難的售後問題。

　　最後，也是最重要的，品質成本評量只是控制的第一步。

品質成本之運用

　　不能有效利用的話，則品質成本資料的收集是沒有意義的。數據的可用性，只是收集數據的辯護理由之一，不過很明顯的，可用性是建立成本資料收集系統中最重要的一個準則。大多數的經理人小心翼翼地看管著品質成本的數據，防止與品質相關的資訊和報告有外洩的危險。品質成本的運用有很多不同的類型，以下是幾種主要的應用方式。

　　品質成本以更有意義的方式，向企業營運者和資深經理人呈現品質相關活動之重要性，並能造成衝擊進而產生行動。品質成本也可以用於教育員工有關TQM的概念和原則，並解釋組織為何要投入TQM的改善歷程。

　　對於品質相關成本的了解可以促使決策者以更客觀的態度進行品質的決策。它能像企業的其他領域一般使用敏感度分析預估現金流量，以及其他的會計技巧對企業的消費作出評估。也能協助企業決定如何、何時及在何處進行投資於預防性的行動和設備。

　　成本也能用來監督績效、確認有待調查的產品、製程和部門，建立降低成本的目標並評估達成目標的進度。成本也可用來衡量單一品質活動的成本效益，如品質管理系統認證、統計製程管制和供應商關係發展，或比較部門、工作和分工上的表現。品質成本是展開改善計畫、找出品質問題、及避免長期浪費的方法。

　　成本是編列預算和產品最終成本控制的基礎。透過成本的評量可以與其他成本透過一般性的測量基礎做出有效比較（如占總銷售金額比率、可銷售產品數量或標準工時）。

　　品質成本有助於提供產品報價或品質條件複雜的合同所要的資料。

最後，在管理項目和報告系統定期不斷地強調成本的重要性之下，將使得企業的品質問題無所遁形。

建立品質成本制度的指標

目前已經有一些指標讓經理人能了解其組織如何處理收集、分析和陳報品質成本：

1. 組織的管理項目上不太可能以正確格式而包括必要資訊，因此，在成本收集作業一開始，就必須讓會計師參與。

2. 如果收集品質相關成本只為了清楚它們可能透露哪些訊息是沒有任何意義的。許多主管以及經理人曾經以他們不會透露在組織現有的品質管理資訊系統中，還無法察覺的問題為由，成功地抗拒配合收集品質成本資料的壓力。

從計劃一開始，品質成本的目的就應該清楚地呈現出來，因為這將影響到運作策略，並可以避免隨後可能發生的爭議。例如，假設一項行動的主要目的是要找出高成本的問題所在，那麼只要獲得一些大略的成本估計資料就算完成了任務。如果資深管理團隊中的成員普遍認為，組織收集品質成本的資訊是要把品質成本控制在某個正常的範圍內，並準備將資源轉進改善流程，則找出更精細的數據就顯得毫無意義。但相反地，如果收集品質成本資料的目的是為了要在組織內部所有品質相關成本中，建立降低成本百分比的標準，則確認和衡量所有成本背後的構成元素就相當必要，因為這樣的動作可以確定成本降低的真實性而非轉嫁到其他成本上。如果只是為了提醒注意成本的大小，則只要辨認、測量大型及進行中的成本即可。

　　收集和分派成本的基準是以部門或事業部，甚至全公司為準也是一個必須考量的面向。某些案例並不合適以公司的層次來進行分析，因為範圍太過龐大而無法應用到部門或流程的層次。反之，在過於枝節的層次上分析，也會讓問題顯得過於瑣碎。這些不同類型的議題對於成本元素的定義和界定頗具意義。對於不同目標以及不同需求條件下的各種狀況，都宣告了一個合理的進行辦法的重要性，唯有目標確立的狀況下，企業所進行的一切活動才有標準可循。因此這個議題不管從經營哲學的觀點，或由實務性的觀點來看，都非常重要。

　　3. 當其他費用被視為直接成本並吸收一定比例的經常性開支時，許多與品質相關的成本理所當然地被包含在經常性開支中，因此，決定如何處理經常性開支也是必要的。經常性開支若無法釐清，進行品質成本分析時就容易失真，也容易陷入重複計算的陷阱。在這樣的狀況下，品質相關成本應該列為記錄帳目中的一個項目。然而，在人事成本的計算上，這項成本不應該列入經常性開支中。另一項應關切的議題，就是成本如何分配於許多較小的元素中。舉一個常用到的計算模式為例，不管廢棄零件的實際製造狀況，廢料成本的衡量是100%的原料成本，再加上50%的製成品所需的勞力／負擔成本。從上面這個算式中，我們可以證明會計師的建議與協助是多麼無價。

　　4. 確定哪些活動，例如建置的作業、檢查或試車等等活動與品質有關，而不是製造或作業活動中不可或缺的一部分，則是另一項難題。這些成本經常十分可觀，並且會顯著影響品質相關成本。有些因素則可用於確認產品或服務、避免失效以及保護和維持品質等活動的基本效用。例如使用設計規範、準備工程、技術和行政系統及程序、機器和設備分期付款、文件和藍圖的控制、及處理和倉儲作業等。這些因素所引起的成本增加，是否與品質有關應依個案情形不同來進行判斷。要解決這些問題，就應該適度地與採購、工程、生產和作業及會計人員討論。決定哪些活動可以放

在品質成本的項目下，是無須拐彎抹角的，不過我們也必須承認，其中確實存有許多難以分辨的灰色地帶。有些品質保證經理人傾向將一些他們無法控制，並難以分辨是否為品質相關成本的成本納入品質成本。如同稍早前我們曾經討論過的，如果這些成本後來被證實無法受到品質改善活動的影響，將會招致反效果。

5. 品質成本資料的收集有一句至理名言，成本必須要龐大到足以引起人們的注意，特別是引起資深經理人的注意。龐大經常是「重要」的同義詞，不管是關聯性或降低成本的潛力，都能決定成本的真正重要性。顯而易見地，在龐大的成本中稍微刪減成本，比在很少的成本中大幅降低成本還容易達成目標。不過這將使成本收集者陷入兩難的情境，因為在龐大的成本中很不容易察覺到變化，但收集者不能因此忽略掉金額較大的成本，而專門針對很快地就能看出改變的小成本下手。因此，成本歸類的選擇要十分小心，達成的成本降低才會客觀。成本收集者所面臨的另一個難題就是，品質成本往往無法在只有一次的評估後就獲得改變，有人就會主張針對沒有改變的成本無意義，此時經理人可以直接測量或透過代理人來測量的方式，強調該項成本收集極有價值以跳脫上述困境。

在收集成本資料之前，現有的品質管理資訊制度所能夠提供的資料類型必須先加以評估。而該項評量應同時包含正確性和可靠度。

6. 運用品質成本要素的對照表，有助於成本收集行動的展開。BS 6143:Part 2（1990）就提供了包含預防、評量、內部失效及外在疏失等成本項目的要素對照表。然而，只使用上述的方法可能會遺漏某些重要的要素，因此針對據組織所有的活動進行分析還是無可取代的。在某些組織中，翻閱品質成本文件就可以確認成本要素，而某些組織則必須在在分析其製程後才會有所發現，第一個步驟沒有做對將導致成本不符實際情況。在非製造業的情境下，BS 6143:Part 1（1992）所描繪的程序成本模型對於確認品質成本很有助益。

7. 如果沒有建立品質相關成本報告制度，活動就得從調查失效成本著手，也就是：

- 由供應商和承包商所造成的的失效成本。
- 組織內部的錯誤、廢料、修正和設備調整成本。
- 產品品質下降或「次級品」所造成的品質成本。
- 在交貨或試用時發現瑕疵，而必須提供產品或免費服務修理或更換的品質成本。
- 保證期間和保證範圍中發現瑕疵所造成的品質成本。
- 訴訟成本。

隨之而來的應著手調查有關檢查、查核、錯誤開始處、製造和作業等日常程序的中斷、損耗、無附加價值活動，以及與品質相關之無效率活動等等的成本（如過剩的原料補給和蓄意增加的製造量）。找出品質相關成本的方法應記錄下來，使得部門、產品、製程或時間之間的比較效度才能予以查核。

8. 在可以取得成本資訊的情況下，與部門、瑕疵類型、產品、原因、供應商等有關的成本都應進行分析。成本職責的判定可依功能與人員而定，問題與降低成本的計畫則應依其大小及重要性排序。為了減少文書作業及讓整個程序儘可能自動化，收集、分析和品質成本的陳報都應整合到組織的會計制度中。

9. 品質成本報告應該呈現出成本所造成的影響，並讓這些數據充分發揮其潛力，多數組織的品質成本報告十分貧乏。要發展報告機制，下列的重點應審慎考量：

- 標準化的報告格式。
- 使用最少的文字來撰寫既清楚又簡潔的報告。

- 呈現品質成本的數據。

- 數據的完整性。

- 資深管理團隊中的總裁和成員，能根據報告數據做出明確的決策。

- 當品質成本必須要向組織中的不同階層報告時，應注意的是：「我們要溝通的內容為何？」以及「他們從數據中可以得到什麼？」

　　簡要的數據應有充分的資訊支援，特別是與失效成本有關的資訊。以標準區間和比例為基礎的統計長條圖和圓餅圖在使用上應該要特別注意；對於散布於各圖表中成本要素的相對大小要能提供全面性的觀察，使比較和判斷更為便利。品質成本必須要能夠從產品和服務之品質的其他面向中區隔出來，並以其他成本為背景來突顯，這項作法應要求相關主管在分析資料時不應為了追求和確保所需資源，而打散和分解數據。

　　10. 成功的品質成本制度，是每日的管理活動之一，需要一段時間才能建立。想要利用管理資訊系統所提供的數據來達到可靠性及實用性，至少需要五年的時間。

摘要

　　不要低估成本數據的價值。成本是吸引關注最有效的辦法，並且能夠以其他數據所不能及的方式來說明情況。事實證明，即使是最基本的品質成本作為，也有助於辨認作業中的耗損和績效趨勢。組織中的品質成本早已存在，品質成本活動的目的是要找出在不同預算及經常性開支中的「隱藏成本」。

　　資深管理階層對於品質成本概念的價值應了然於胸，並評量是否值得

為品質成本努力。現在已經有許多好的範例可以讓資深經理人參考，而他們唯一要做的，就是決定何時、如何及是否應運用該項技術。

　　所有的跡象都顯示，組織對品質概念的興趣與日俱增。有些人正尋找與品質相關成本的實務性證據，而有另外的一群人正在發展品質成本制度的形式。他們都非常熱切地發展該項技術的知識，使他們能更加了解他們對耗損和節省費用所做的決策是否很有成效。

感謝

　　Barrie Dale感謝其朋友及已故同事Ian Plunkett同意將他們的研究發現應用在本章中。

參考書目

BS 6143, Part 1: *Guide to the Economics of Quality*, Part 1: *Process Cost Model*. London: British Standards Institution.

BS 6143 Part 2: 1990: *Guide to the Economics of Quality*, Part 2: *Prevention, Appraisal and Failure Model*. British Standards Institution.

Campanella, J. 1990: *Principles of Quality Costs; Principles, Implementation and Use*. Milwaukee, Wis.: ASQC Quality Press.

Crosby, P. B. 1985: *The Quality Man*. London: BBC Education and Training.

Dale, B. G. and Plunkett, J. J. 1990: *The Case for Costing Quality*. London: Department of Trade and Industry.

—— 1995: *Quality Costing*, 2nd edn. London: Chapman & Hall. London.

Eldridge, S. E. and Dale, B. G. 1989: Quality costing: the lessons learnt from a study in two parts. *Engineering Costs and Production Economics*, 18(1), 33–44.

Hagan, J. T. (ed.) 1986: *Principles of Quality Costs*. Milwaukee, Wis.: ASQC Press.

Hesford, M. and Dale, B. G. 1991: Quality costing at British Aerospace Dynamics: a case study. *Proceedings of the Institution of Mechanical Engineers*, 205(G5), 53–7.

Machowski, F. and Dale, B. G. 1995: The application of quality costing to engineering changes. *International Journal of Materials and Product Technology*, 19(3–6), 378–88.

National Economic Development Council 1985: *Quality and Value for Money*. London: NEDO.

Plunkett, J. J. and Dale, B. G. 1988: Quality-related findings from an industry-based study. *Engineering Management International*, 4(4), 247–57.

Pursglove, A. B. and Dale, B. G. 1995: Developing a quality costing system: key features and outcomes. *Omega*, 23(5), 567–75.

Schaffer, R. H. and Thomson, H. A. 1992: Successful change programs begin with results. *Harvard Business Review*, January/February, 80–9.

第五章

高级主管在TQM中的角色

概論

在本章開始對 TQM 中管理的角色進行討論以前，我們不得不提及許多經理人對於管理所作的批判，他們認為「品質」這兩個字應該從全面品質管理這個名詞中去除；因為 TQM 所論及的全是良好的管理行為和實務，在組織的管理及其結構和商業流程中，TQM 也是自然、不可或缺的一部分。所以，任何現在已經是或將來可能成為經理人，並期待改善其管理技巧和能力的人，都必須要多了解 TQM 這個議題，並且自願去參與 TQM 的引入及其發展等等活動。

本書第一章曾指出，品質是影響任何組織成功與競爭績效的因素。如今，品質已成為全球市場檢定的基準，在某些情境下，品質也會提供競爭優勢。因此，經理人需要了解 TQM 如何幫助解決企業問題，並提昇組織重要生產流程中具有附加價值的活動。

本章將略述資深經理人親自投入 TQM 活動的重要性。檢視他們必須了解 TQM，以及務必以積極的行動回應的原因和重要性。中階和第一線主管的角色也很重要，因為他們必須在一開始就讓 TQM 的原則適得其所，本章也將會概述他們應該參與的活動。

資深經理人需要參與 TQM

企業總裁必須結合資深管理團隊，才能順利推廣 TQM，因為發展組

織願景、使命、哲學觀、價值觀、策略、目標和計畫，並能夠在基本邏輯
架構下進行溝通，都是資深經理人必須涉及的範疇。因此，資深經理人必
須親自參與TQM的發展及推廣，以TQM的方式思考和管理企業，並能夠
明顯表達其對TQM的參與及信心。資深經理人必須激勵全公司參與，持續
地改善企業的每一個層面；也就是說，資深經理人不僅需要親身參與，還
要投入相當多的時間。

　　品質的責任落在企業總裁和資深管理團隊的肩上。TQM需要總裁的
承諾、信心與信念，才能避免企業輸在起跑點上，並確保企業的永續經
營。組織中的每一個人在持續性改善流程中都有其應負起的職責，不過如
果資深管理團隊沒有將組織的需求界定清楚，則所有的努力都將白費。如
果資深管理團隊沒有參與，那麼改善的流程就可能會停滯而無進展，員工
也將會失去理想。品質是組織管理及其企業流程中不可或缺的一部分，因
為品質非常重要，所以要確保品質不能單單只靠技術和品質專家。組織的
商業成就和總裁的理解及參與TQM有密不可分的關係，只有企業總裁才有
權力決定，讓TQM融入並成為組織進行商業活動的模式。在本書的第四章
曾提及，因為品質管理或產品規格不一致所產生的成本，可能佔組織年度
銷售總金額，或非營利事業的營運費用的5%-25%。這些成本的數據在與
銷售總金額的獲利百分比，或非營利事業的花費相較之後，我們不禁要
問：有哪一個企業總裁能承擔得起對TQM說不的責任？組織錯置持續改善
的流程，會造成多少的成本浪費？對TQM和持續改善的投資又是否值得？

　　麥肯錫公司（**McKinsey and Company, 1989**）在一項針對歐洲前五十
大企業（見第一章的詳細資料）總裁的訪問調查中，發現他們認為成功推
行TQM的關鍵要素是：

- 高層主管的注意力：95%同意。
- 人員的發展：85%同意。

- 企業的團隊精神：82%同意。
- 品質績效的資訊：73%同意。
- 高層主管能力的建立：70%同意。
- 對於品質的急迫感：60%同意。

很明顯的，資深經理人的職責是成功與否的關鍵。拉色斯和戴爾（Lascelles and Dale, 1999a）在一項研究報告中也指出，「企業總裁是品質改善最基本的原動力」。他們認為，企業總裁負有有兩項關鍵性的職責：「塑造組織價值觀，以及建立一個能真正推動變革的管理結構」。

企業總裁必須有長期執行TQM計畫的信念，不貪求財務上的立即獲利。短期最有可能達成的組織利益，就是打好參與TQM的基礎。畢竟，企業總裁主宰組織環境、行為、價值觀、氣氛，以及會讓TQM活躍或凋萎的管理風格。企業總裁及資深經理人應創造和提供下列環境：

- 員工能以團隊的方式工作，使團隊工作成為企業活動不可或缺的一部分。
- 員工與同儕合作，團隊與團隊也能合作。
- 承認過失，而不指責失誤，讓過失成為改善的機會（也就是不罵人的文化）。
- 員工透過決策制定而有機會參與企業的運作。
- 員工在其自身的掌控之下，不斷地進行流程的改善（也就是持續改善的想法）。
- 由員工自行辨認、滿足、取悅並說服其所屬的客戶，不管是內部顧客或外部顧客。
- 每個人都能提供自己所想到的創意。
- 人員的發展是企業的優先考量。
- 持續鼓勵員工融入企業的實務運作中。

- 找到一勞永逸解決問題的方法。
- 消除部門間功能的界限。
- 適度而有效的雙向溝通。
- 對改善活動的認同。
- 除去階級地位的象徵。

　　對部門和個人而言，改變絕非易事，在組織運作中改變管理模式更要小心翼翼（第七章會深入討論）。多數西方組織的員工對於時下所流行的「本月營運重點」等管理方式的來來去去已經見怪不怪，他們也很習慣資深經理人對某項議題高談闊論，但後來卻不了了之的情形。在員工之間典型的反應是：「他們又來了，我們就虛應一下吧！」、「TQM也會和其他的時尚和幻想一樣，來得快也去得快」，以及「不必理會，一切很快就會恢復原狀了」。解鈴還需繫鈴人，只有資深主管才能打破員工的譏嘲心理，影響及勸服對品質改善工作漠不關心的員工，讓他們知道組織對於TQM計畫的執行是認真的。資深主管必須親自向員工說明，組織為何必須持續改善，並展示他們在意品質的程度。下述幾項活動可供參考：

- 成立邁向TQM委員會，或召開品質會議。
- 確認組織面臨的品質議題，親自參與研究該議題的活動，而在改善團隊、解決問題團隊中，最好能夠扮演主導者、成員、支持者或孕育者的角色。
- 參與品質規劃、稽核、改善會議和組織事務的管理。
- 針對日後作業程序和工作結構的重要性，向員工召開會議。
- 組織並召開檢查產品缺陷以及促使客戶回流委員會。
- 調查並落實日常性的稽查，進行TQM最新進展的診斷和持續改善（即相對於EFQM模型等企業卓越模型的自我評鑑）。
- 處理客戶抱怨，拜訪客戶及供應商。

- 領導客戶研討會、座談會和焦點團體。
- 經常走訪企業所屬的地區以及部門,並討論與改善相關的議題。
- 經過發展、溝通之後,便要落實各個改善行動計畫。
- 以從未了解 **TQM** 的方式來進行溝通;如執行團隊任務說明、為個人和團體準備參加感謝卡,並向企業內部通訊刊物投稿。
- 採用內部客戶─供應商的觀念(圖5.1)。(在這項作法中,供應商辨認其客戶並確定他們的需求。有時,必須發展出供應流程以符合客戶描述的需求;隨後供應商需擔負起該項任務,並在產品移轉到內部客戶之前進行自我檢查和控制;為後續的流程負責是該項作法的核心之一)。

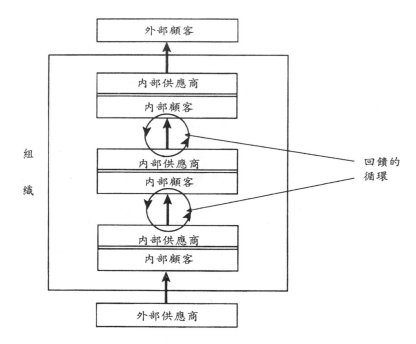

圖5.1 由顧客與供應商所形成的網路

　　在這樣的架構下，資深經理人以範例來教導員工發展持續改善的理念。只有親自參與才能完全了解，並發展持續改善的理念。承諾和領導風格一旦展現，想法、創新和改善就會從組織的最低階層開始交流。在發展TQM的階段，企業總裁必須留意，有些員工是在恐懼下遵從，對於TQM的概念既不相信也沒有產生責任感。企業內部的所有人員都必須謹記，改變員工的態度和企業文化需要時間（見第七章）。

　　改善流程就像雲霄飛車的軌道一般，有高有低（見圖5.2）。在改善流程的某些階段，會因為相當可觀的組織資源都投入改善活動，卻不見成效，而使得情勢有點緊張。在持續改善流程剛開始的前三年，當所有的流程都還在剛起步的程度，常常會見到部分中階和第一線主管以及功能別專家就宣稱TQM無效，並問道：為什麼要做TQM？我們是在尋求真正的改善嗎？TQM帶來了哪些好處？我們有時間浪費在這些「幾乎沒有實質功能的活動」上嗎？他們認為，「改善團隊簡直是浪費時間」，「諸如此類的概念只是較好的賭注」。因此，他們可能期待將注意力移轉到他們所宣稱其他

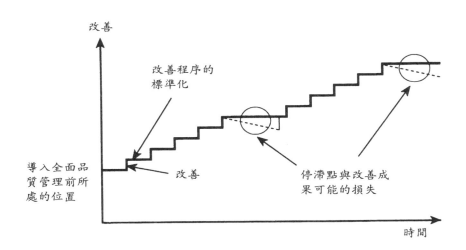

圖5.2　品質改善的流程

更急迫的事情，例如企業流程再造（Business Process Re-engineering,
BPR）。親自參與TQM作業的企業總裁，在察覺到成員有類似此等士氣低
落現象時，有責任與資深主管一同協助員工度過TQM的信心危機。可以利
用某些機制來助他們一臂之力，例如，某家化學研究公司的主管訂定所謂
的「品質行動日」，讓所有的員工都有機會向他表達他們對公司TQM流程
的關心及看法，並提供加速參與流程的建議。

在多數的西方組織中，一些關鍵成員對改善流程的進展非常重要，如
果這些成員中有人離開組織，管理團隊就會出現顯著的脫節。在領導風格
及組織的變革中，企業總裁在促進新主管以及技術和商業專家對TQM的了
解和解決疑惑，扮演重要角色。如此一來，組織的任何變革所造成的影響
才能減到最低。當關鍵成員離開團隊，改善的流程將持續而不中斷，改善
團隊也能夠繼續運作，代表著企業環境已經調整到完全適合TQM的運作。
在布尼和戴爾（Bunney and Dale, 1996）針對特殊化學品製造公司的長期研
究中，對這一類型的議題已經有充分的探討。

組織通常無法直接體會到TQM所帶來的利益。除了領導風格和組織
的變革之外，諸如接收、人力資源和產業關係、縮短工時、裁員、成本刪
減、規模縮小、生產效率化、中止加薪計畫、業績成長、以及政策的執行
和TQM的資源起衝突等因素，對於TQM不僅有反效果，還會損害到成員
對TQM的認知。在此情境下，員工只能尋求資深管理階層提供持續性改善
的原動力，以及充分運用領導風格來度過危機。例如，西方組織只要遇到
訂單不足的情形時，就會暫時解雇員工，改採縮短工時政策，或讓員工無
所事事。一般說來，從傳統會計來看，這可能會被認為是一項沒有遠見的
行動模式；因為多數公司的人事成本還不及原料成本的四分之一。完全投
入TQM的企業總裁在遇到景氣不振時，會讓員工進行廠房的清理、整頓等
活動、進階品質規劃、額外訓練、造訪客戶和供應商等。多數的經理人認
為，減少人事成本以彌補短期銷售金額衰退的想法有點天真。不管如何，

上述的建議不僅有助於員工忠誠度的建立，並讓員工清楚地知道，組織內的資深主管看重的到底是什麼。

經理人應該知道的TQM

　　首先，主管一開始就必須了解，TQM絕非短期的介入而是長期的抗戰，過程上十分艱難；同時要體認，TQM並不是品管部門所應獨力擔負的責任。世界上並沒有：

- 快速的修理矯正程序。
- 簡易的解決方案。
- 適合任何症狀的萬靈丹。
- 能提供所有答案的工具、技術和／或制度。
- 現成可用又能保證成功的全套方案。

　　TQM是長時間的企業文化改變，光是讓基本的TQM原則適當地深植人心，就得花上八到十年。日本的製造業通常要花上十六年，才能完成引進、推廣至非製造領域、發展與擴張，並促進品質升級和維持改善的結果等四個各須四年的周期（詳見第九章）；因此，經理人必須親身力行並向下屬傳達耐心、容忍和不屈不撓的訊息。不過部分中階主管可能會比幹部和作業人員更反抗TQM，特別是那些在組織服務時間夠長，又較在意新型態管理模式的經理人。

　　儘管某些書籍的作者、企業管理顧問或所謂的專家等提出各種對於全面品質管理的看法，資深的經理人必須要了解引進和發展TQM並沒有所謂的最佳方案存在，只有所有組織都能適用的共通性標準以及原則。因為組

織在很多方面都有著極大的差異，例如：

- 人員；
- 文化；
- 歷史；
- 慣例；
- 成見；
- 組織結構；
- 產品；
- 技術；
- 流程；
- 作業環境。

因此，在某個組織或情境下行得通的方案，並不一定適用於其他案例。**TQM**的認知訓練就是最好的例子；該訓練有兩種方式：（a）瀑布式訓練法，針對所有人的進行短時間的訓練，和（b）注入式訓練法，教導每個人必須知道的部分。有些組織使用瀑布式訓練法後相當成功，有些組織卻是下場淒涼；反之，注入法亦然。

資深經理人願意擔負起長期的承諾以持續進行流程改善，並能透過領導風格來引導才是最重要的。資深經理人必須徹底思考問題並測試想法和觀念、修正並改造，使適用於企業的作業環境，最關鍵的是要能夠從經驗中學習。經理人承認錯誤，而不隱瞞、不辯解的開放性態度，將促使員工對經理人有更多的諒解。

必須要體認的是，品質的系統、程序、工具及技術部是**TQM**重要的特色，在概念上以人為本（見第八章）。

資深經理人要對這些課題有更深入的體會，必須投入更多的時間去閱讀相關書籍、參加會議與課程、參訪**TQM**表現最好的單位，並且儘可能和

更多的人交換意見。類似MBNQA和EFQM企業卓越（詳見第二章）模型中的自我評鑑準則，對資深經理人都有助益。資深經理人必須依循PDCA（計劃、執行、檢查、行動）循環的路徑，永遠地讓改善的理念在心中循環，才能避免企業內部的幹部、顧問和所謂的「專家」作出錯誤的示範。

　　企業總裁對於TQM的充分理解，將有助於他們決定在其他資深經理人和重要幹部面前，應該要怎樣推廣TQM。例如：

- 需要何種訓練方法和形式？
- 需要建立多少和何種類型的團隊？
- 有多少團隊能有效地提供支援？
- 邁向TQM委員會的成立應採何種形式？是不是等於管理委員會？應研究單獨議題，還是以TQM為最高的管理議題？會議多久應召開一次？角色又該如何定位？
- 應採用何種工具和技術？
- 品質管理制度的職責為何？
- TQM如何減少保固期限內的賠償要求？

　　多數組織在投入TQM之前，已經展開一些改善活動，如何將這些活動融入TQM，並在現有基礎上繼續進行後續的研究發展，成為企業經理人不得不重視的問題。部分TQM的要素，例如授權，本身就很模糊，資深經理人偶爾會不知道該如何在組織中操作這些元素。許多模糊的要素多與容易理解的名詞結合很重要，例如品質系統、程序和實務、團隊工作、以及工具和技術等等。企業總裁和資深經理人在一開始應先診斷組織的長處及改善的範圍與品質管理的關係。最典型的就是進行員工意見與認知的內部評鑑（內部和團體評鑑，以及問卷調查）、系統稽查、品質分析的成本，以及取得客戶（針對企業本身的缺失）和供應商對組織產品、服務、人員、管理、創新、長處、弱點等等的意見。此類型的內部、外部評鑑應定期進

行，以判斷TQM的進展，並決定一下個要進行的步驟。

資深管理階層一旦了解對TQM的需求，就必須將這項認知轉換成有效的行動。在這個階段主要的問題有：

- 我們應該做什麼？
- 何者為優先？
- 我們需要何種建議？
- 我們應向誰尋求建議？
- 能否得到無偏見的建議？
- 相關研究應由上而下，或由下而上？
- 是否一定要使用TQM這個名詞？有沒有替代名詞？品質改善、持續改善、企業改良？客戶管理？以客為尊？客戶優先？
- 應該進行多快？
- 應該運用哪些工具、技術和制度？
- 要如何使用這些工具和技術？
- 我們應該參加哪些課程和研討會？
- 可以運用EFQM的企業卓越模型嗎？
- 我們應該參訪哪些公司？
- 我們應該加入哪些企業連絡網？
- 我們需要哪些訓練？
- 我們應該購買何種套裝課程？
- 需不需要尋求管理顧問的協助？如果需要，應挑選哪一家？
- 要不要發展符合ISO 9000系列認證的品質管理制度？
- 品質管理制度的登記項目有多重要？
- 如何在TQM的傘下納進現有的改善創意？

經理人經常因為對TQM及持續改善的流程認知不足，加上缺乏管理

組織變革經驗而左右爲難。各類不同的建議如排山倒海而來，彼此間又經常相互衝突，有時再加上偏見和錯誤的存在，使得情況更爲混亂而難以掌握。資深經理人在經過深思熟慮後，可能會得到下面兩個結論：（a）通過ISO 9000系列是最基本的要求，以及（b）愼選工具和技術。

ISO 9000系列的要件

我們應鼓勵組織去超越適當的標準（如ISO 9001, ISO 9002和ISO 9003），不過這樣的要求只能充當組織內部品質系統在某段期間內的靜止狀態，並不適合作爲年復一年的持續改善計畫。「管理檢視」、「內部稽核」、「矯正行動」和「預防行動」等程序，只有將目標設定在長期改善才得以發展持續性改進的精神。可惜的是，部分組織及其管理階層都誤以爲，通過ISO 9000系列的認證就代表管理制度已臻至善至美的境界。

通過ISO 9001品質認證，只要符合認證的20組條件，但TQM條件更甚於ISO系列。得到認證許可固然值得慶幸，但切勿得意忘形，以爲ISO系列就代表一切。因爲類似ISO系列的認證只是確認組織在邁向TQM之路中，品質制度內的程序、控制和紀律都已定位，正式跨出了第一步而已。

工具和技術

組織無論採用哪一種TQM的方法，都需要選擇合適的工具，以協助改善的每一個階段作業。資深經理人不應盲目地跟隨使用流行性工具的熱潮，而是要冷靜地了解每一項工具和技術的功能、不同的用法，並且要不厭其煩地每天詢問工具使用者的使用情形。

UMIST曾針對工具和技術（Dale, 1994; Dale and Shaw, 1990; Lascelles and Dale, 1990b）進行研究，並建議經理人特別注意。

　　任何工具和技術在分別使用時，只能讓工具和技術發揮短期的功能。組織需要在行為、態度、價值和文化有重大改變，而造成改變的關鍵並不在於工具和技術本身，而是應該如何運用來搭配持續性及公司全面性改善的流程。拉色斯和戴爾（Lascelles and Dale, 1990）建議，當經理人考慮使用特別的工具和技術時，可以在心中考量下列的問題：

* 採用該技術的目的為何？
* 該技術如何能夠協助我們改善管理品質的方式？
* 該技術適不適合組織內部的產品、流程、人員和文化？
* 在考慮使用哪一種技術和如何使用該技術時，是否有徵詢正確的建議？
* 要讓技術的功能得以充分發揮，組織必須進行何種改變？
* 想要成功地推廣技術，應該搭配何種資源、技能、資訊、教育或訓練等？
* 員工以及相關財務資源能否支持該技術的長期使用？
* 選用的技術與現有甚至未來的技術和品質保證制度是否能相互配合、支援或互補？

　　在持續改善流程中，每一項工具或技術都應各守其位、各司其職，組織不能偏好某單一工具或技術，經理人更要禁止組織、顧問和內部人員特別偏好而推廣某一技術或工具。

　　工具和技術可以達成如品質規劃、產品改良和流程設計、傾聽在流程中發出的聲音、流程改善、流程控制、掌握及提供品質制度數據、品質制度的形成、問題解決、影響員工、刺激及促進品質意識等任務。組織應完全了解組織的重要目標，並且充分地使用其所選用的技術和工具。

　　組織內的每一個成員都應學習如何使用七項基本的品質控制工具（即為柏拉圖、因果圖、控制圖、長條圖、查核表、散佈圖和曲線圖等等）；

在技術和工具的運用上，小兵也能立大功（Ishikawa, 1976），資深經理人需慎防員工偏好複雜的工具，反而忽略了簡單又好用的工具。

當某一重要客戶堅持供應商必須運用某一特別的工具或技術時，在這項工具或技術的使用上，通常會有兩個步驟（Dale and Shaw, 1990）。首先，供應商為了要掌握這筆生意，會使用該工具或技術以滿足客戶需求，並且會致力於建立制度讓客戶相信他們真的非常尊重客戶的意見。而當供應商進一步問道，該工具及技術要如何運用，才能促進持續改善的流程時，公司應確保供應商進入展現工具及技術效能的第二階段。

麥考特等人（McQuater et al., 1995）曾指出幾項組織運用工具和技術時可能會遇到的難題：

- 設計拙劣的訓練和支援。
- 不能學以致用。
- 未能適當地使用工具和技術。
- 抗拒工具和技術的使用。
- 受到錯誤示範的引導。
- 對於測量及數據掌控不足。
- 未能分享以及交流所達成的利得。

企業總裁及資深管理團隊需擬妥企業願景及使命的陳述，並為組織品質做好定義；企業的願景和使命必須有組織變革的支持，而不是各自獨立的目標陳述（詳見第九章）。

最後應注意的是，資深經理人對於TQM應該要有充分的知識，以了解要向改善機制中的成員詢問哪些問題，才能掌握成員對TQM的操作狀況；經理人也應對已得到的結果和流程存疑，繼而發掘有哪些不一致的產品和服務會造成組織的損失。

經理人的TQM準備

　　在本章的一開始曾經提到過優良企業EFQM模型（歐洲品質管理基金會 European Foundation for Quality Management, 1997，詳見第二章）的領導準則，這些準則詳述了所有經理人在促進企業邁向卓越之路會採取的行動，並關心當主管和所有經理人都以卓越原則來設計組織持續改善的根本流程時，他們會有何作法。領導準則包含下述四項要點：

* 領導者如何展現他們對於TQM文化的承諾。
* 領導者會如何使用合適的資源和協助，以支持和投入流程的改善。
* 領導者與客戶、供應商和其他外在組織的關係。
* 領導者如何認可並感謝成員所付出的努力及績效改善的成就。

　　確保品質已經是組織的第一優先要務，資深經理人必須決定採取一些行動，也就是重新安排時間和責任於處理下面的事項：

* 溝通經理人對TQM的觀念。經理人要把握每一個機會，展現出其所作所為都能與TQM的原則一致。
* 決定企業要如何才能達成TQM的入門和進階的部分。
* 引導教育和訓練課程，其中也包含了流程的檢視。
* 評量已達成的改善。
* 親自參與改善活動。
* 了解主要競爭對手運用TQM的狀況。
* 設定標竿；因為這樣可以促使他們了解標竿組織的成就，還有標竿

組織與本身的差距。

- 領導並鼓勵企業內部成員使用自我評量的方法和原則。

主管應以行動向組織內各個階層展現其對於TQM的承諾，並積極走訪各部門，以問答方式了解TQM實際操作時所遇到的困難與提供解決方案，並從領導者的角度提供建議。

資深經理人不僅要投入大量的時間，還必須熟知許多與TQM相關的計畫與事項；一家小規模的印刷電路版公司總裁就以忙得團團轉來形容這樣的處境。無論如何，要成功地推廣TQM，必須要先落實TQM優先於一切活動的觀念。在企業總裁的行事曆中，每個禮拜要撥出一定的時間來從事TQM活動；一旦成效顯現後，總裁就可以逐漸減少從事TQM的時間，並轉而將其心力投入在維持TQM的議題或推廣其他新的主題或觀念。

企業總裁和資深經理人必須負責讓所有組織成員了解為何該公司要採行TQM，並確實體認到TQM在各不同的領域、部門、功能或流程中所具有的潛力。他們致力於TQM的精神必須要由下而下，貫徹到組織內部的所有層級，直到所有的員工都能相互傳遞TQM的知識，經過慎思後將改變適當地融入各部門的工作中。要達到這樣的地步，就必須要對所有流程的負責人溝通TQM的概念，並且仔細考量傳遞概念的模式。

資深管理人員承諾將資源投入TQM是很重要的；例如安排人員參與TQM改善作業，確認組織重要的決策者有時間去關注TQM的議題。對組織成員而言，企業總裁應是持續改善的表徵；部分組織則是委任全面品質管理專家、主管或協調人等，來做為觸媒或改變的發動者。任何形式都可行，最重要的是企業總裁能夠對TQM以及持續改善流程有相當程度的了解。因此，企業總裁為了支持改善作業，還需發展以下機制：

- 監視和回報結果（只有在這方面達到成功才能扭轉成員譏笑和漠不關心的態度）。

- 建立一個關注的焦點，再透過全員努力以促使其實現。
- 發展和佈署改善的目的及目標。
- 將行政部門的人員也一起納入改善的流程中。

建立邁向 TQM 品質管理委員會，也不失為監督、管理改善流程的一個好方法；該委員會的主要職責為：

- 促進對計畫與目標的認同，並提供及管理資源。
- 監督流程。
- 決定行動。
- 創造一個持續改善並可不斷遞延下去的環境。
- 協調持續改善議題的一致性。
- 協助團隊合作。
- 確認企業的基礎架構已建制完成。
- 辨識流程中的障礙。

在組織的願景與使命說明書中，企業發展和管理目標的長期計畫也應有條不紊的詳列，以設定企業應該遵行的方向。此等計畫應以企業的哲學、銷售預測、企業現況及針對先前改善目標和計畫達成情形為基礎，同時也應針對各廠、部門、成本、運送、安全性和環境所擬的年度政策、計畫、活動及改善目標一致。第一線的督導人員和中階主管應參與此等計畫、目標與改善目的的制度化，惟有如此，起始於企業總裁和資深管理團隊的政策和目標才能確實在組織內的各層級中貫徹執行，而各部門人員也能在其工作崗位進行操作，產生影響力，並達成組織共同的目標和改善標的。圖 5.3 列出政策佈署的典型架構；至於更詳細的說明可參閱第九章由戴爾（Dale, 1990）和赤尾（Akao, 1991）所進行的研究。

政策佈署的流程能確保品質政策、目標和改善目標與組織的商業目的

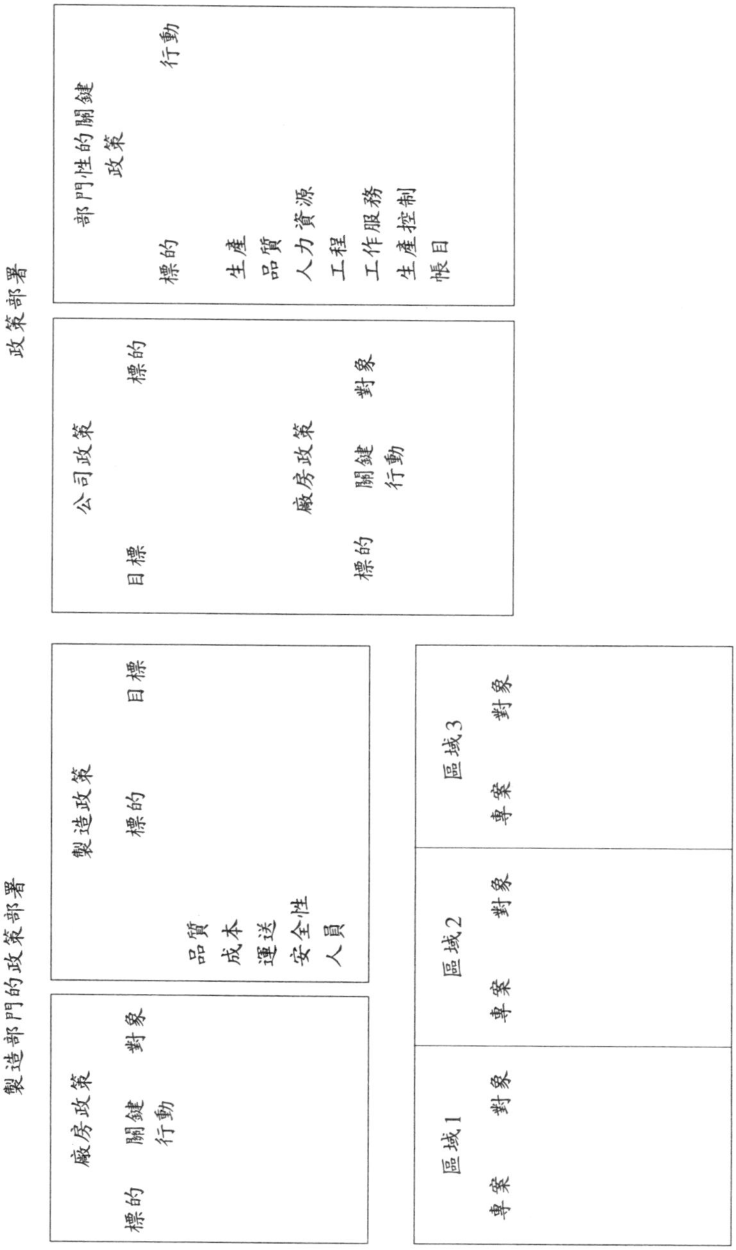

政策部署

製造部門的政策部署

部門性的關鍵政策	
標的	行動
生產	
品質	
人力資源	
工程	
工作服務	
生產控制	
帳目	

公司政策	
目標	標的

廠房政策	
標的	關鍵行動 對象

製造政策	
標的	目標
品質	
成本	
運送	
安全性	
人員	

廠房政策	
標的	關鍵行動 對象

區域1	區域2	區域3
專案 對象	專案 對象	專案 對象

圖5.3　政策部署的典型架構

具有一致性。政策佈署的最佳狀況，就是組織各層級的資深員工皆能向其他的員工示範計畫、目標和改善情形，如此一來，就能確認政策、目標和持續改善在組織內得以確實貫徹，一般性的目標也會成功地轉換成特定的改善目標。有些組織的計畫雖然身為政策佈署的一部份，卻會逐年修正其改善的主題。政策佈署最重要的面向之一就是高度的透明化，也就是說公司與部門的政策、目標、主題和計畫都能在每一個階層中展示。

在企業組織中的每一個階層，必須存在某種形式的的稽核機制，用以檢視改善目標是否達成，並評量那些特定改善計畫的進展。企業組織對於品質改善的承諾也應該要清楚地傳達給客戶以及供應商。有些組織可能會透過研討會來傳達這些政策與策略。所有個別的報告及控制制度必須完善的設計並以一致的方式運作，如此才能夠確保所有經理人在持續改善的活動上相互配合無間。

企業總裁必須確定組織真的努力傾聽客戶的意見，並完全了解其真實的需求和顧慮。這句話說來容易，但是真正要去實踐卻十分困難，因為沒有人願意接受批評，而且幾乎所有人都認為只有自己才是真正了解企業運作的能手。然而，顧客資訊的掌握卻是品質改善流程規劃的第一步驟。許多組織，特別是那些加工產業通常以電腦和客戶的製程聯線來蒐集與客戶有關的資訊。

企業經理人務必注意不可欺瞞顧客，因為對顧客誠實是進行TQM不可違背的鐵則。資深經理人要確組織確實抓住每一個機會參與客戶與供應商的改善流程，雙方參與交流改善活動不僅能加強原本的夥伴關係，也能創造出更好的工作關係。例如，一家大型的績優封裝公司與其客戶合作，以確保所生產的封裝材料能適用於客戶採用的封裝設備。除此之外，資深經理人還要維持企業流程的正確性以及瑕疵原因分析等運作的活絡，讓組織能減少錯誤一再發生。

企業總裁必須確保企業所使用的品質量化評量工具與顧客所感受到的

品質具有一致性。這可以使組織得以此觀察外部客戶的需求及未來的市場期望之發展趨勢。這些典型的量化工具包括：

- 現場失效統計。
- 可靠性績效統計。
- 顧客的退貨。
- 顧客的抱怨。
- 作業疏失資料。
- 顧客對品質的負面傳播。
- 顧客調查。
- 錯失的交易。
- 客戶流失率計算。

組織也必須同時採用內部績效的測量工具，如：

- 不符規格的程度。
- 品質稽核結果。
- 產出的結果。
- 品質成本。
- 員工滿意度。
- 員工參與度。

企業必須不時評估目前這些內部和外部的績效量化工具，以掌握它們對企業是否具有價值性。

監督持續改善流程的測量系統非常必要，缺少這個測量系統會使得改善更為困難。套句 A B Electrolus 的董事長及總裁夏普（Scharp, 1989）曾經說過的話，「凡經過測量者就能把事情做好」；如此，人們便會把焦點放在那些達成預定品質改善目標所必經的活動上。戴爾（Dale, 1993）在 1993

年曾針對日本企業展開研究，所有的研究結果都指出改善目標和對象是改善過程的重要驅動力；不過，這些目標必須經過細心的設定及監督。指標獲得改善但實際績效卻未有進展的情況是可能發生的，特別是目標不切實際或目標在負責的人員眼中認為無法控制時，這些人員會因為懼怕責備而把重點擺在指標的改善上。

　　每一位組織的成員都希望瞭解流程改善進行的狀況，資深經理人必須建立適當的雙向溝通管道，以持續進行溝通與對話，這也有助於使改善的循環得以生生不息。意見能夠在組織內部的各個階層中上下流通是主管、經理人與員工之間關係中最重要的特性；企業必須重視員工在日常作業中所提出的回饋，因為回饋的意見獲得採納，才能刺激員工在其崗位上進一步參與和改善。

　　資訊快速擴散到組織各個部門，可以促進持續改善。明顯可見的管理制度及透過記事板來呈現蒐集的各項資訊，將有利於資訊的快速傳遞，這套制度值得企業考慮採納。本章稍早曾提及，資深經理人必須體認TQM不是一種競賽或做完就結束的專題計畫，而是一種範圍廣及整個公司並持續不間斷的流程。企業總裁和資深管理團隊也不應以組織已達成的TQM流程而自滿，而應該以此為激勵，在產品、服務和相關的流程進行持續改善。經理人必須抱此心態：最完美的境界永遠無法達成，目前的狀況永遠都有改善的空間；組織內閒置、浪費的部分應該堅決地予以拔除。

中階主管的職責

　　在推廣及發展TQM的流程中，中階主管扮演著非常重要的角色。他們一旦接受了TQM的概念，就有責任以最有效率的方式來推廣此等理念。

他們必須擔負的典型職責有：

- 為其負責的部門及流程，發展特定的改善計畫。
- 確保其部門的目標、價值觀、政策和改善的作業不會牴觸企業的商業目標、TQM策略和品質管理系統。
- 以通俗、易懂的語言向第一線及其他員工說明公司的TQM取向。
- 扮演TQM的教練和顧問把知識傳遞給所屬員工。
- 確保第一線主管都受過相關工具和技術的個別訓練，並能有效地使用。
- 扮演改善團隊中類似園丁、贊助者或導師的角色，並確保以正確的方式來獎勵員工。
- 將經過深思熟慮後所產生的觀點提供給高階管理團隊，並針對如何管理持續性改善流程TQM的發展，以及在傳遞第一線主管與員工可能面臨的潛在困難或障礙等資訊方面，給予高階經理人適度的幫助。

第一線主管的職責

　　第一線主管站在TQM的最前線，由於受他們影響及領導的員工相當多，因此在工作崗位上扮演鼓勵員工進行持續性改善的重要角色。第一線經理人如果沒有許下承諾、受過訓練、擁有適當的資源以及受到管理系統與文化支持，則TQM概念的傳遞就會輸在最重要的起步階段。第一線經理人所擔負最直接的職責有：

- 分析其職責內相關的程序，並找出改善得以進行之處。

- 鼓勵每一位員工和作業員貢獻其改善對策，並爭取中階及高階主管認同與獎勵員工提出的創意和付出的努力。
- 確保任何由員工陳報的品質相關議題能經過仔細的分析，並透過永久性的長期改善來加以解決。
- 參加其轄管及相關領域的改善團隊。
- 運用特殊的技術和工具來提供工作場所的訓練課程，並取重要的改善數據。
- 有效地將改善活動的成果和創意呈報給中階主管。
- 提供公司正式品質管理系統所需要的數據及反應，包括那些在ISO 9000系列認證中所要求的資料。
- 提供自我評量流程所需之數據。
- 在有關全面品質管理的資源與策略的管理研討會中，代表其所督導的人員與流程。

摘要

本章介紹資深經理人為了順利達成TQM所應展現的領導能力和決心。資深的經理人必須時常反省自己應該要表現出何種行為，才能夠展現企業組織推行TQM的承諾。本章同時也大致描繪資深經理人應參與的一些活動，例如領導邁向TQM委員會、組織並領導失效檢視研習會、在優良企業模式下指引自我評鑑的流程、發展並實踐個人改善的行動計畫並支持改善團隊等等。本章也歸納出資深經理人應了解TQM的二三事，以及如何才能確保TQM能夠成功的推行，並且讓TQM成為企業營運的永續活動之一。

　　TQM的原則要適當地落實在每一個流程中，中階和第一線經理人不僅責無旁貸，他們的思考方式也必須與資深經理人一致。此外，本章也概略介紹中階與第一線經理人應進行的一些活動。

參考書目

Akao, Y. (ed.) 1991: *Hoshin Kanri: policy deployment for successful TQM.* Cambridge, Mass.: Productivity Press.

Bunney, H. S. and Dale, B. G. 1996: The effect of organisational change in sustaining a process of continuous improvement. *Quality Engineering,* 8(4), 649–57.

Dale, B. G. 1990: Policy deployment. *The TQM Magazine,* 2(6), 125–8.

—— 1993: The key features of Japanese total quality control. *Quality and Reliability Engineering International,* 9(3), 169–78.

—— 1994: *Managing Quality,* 2nd edn. London: Prentice Hall.

Dale, B. G. and Shaw, P. 1990: Failure mode and effects analysis in the motor industry: a state-of-the-art study. *Quality and Reliability Engineering International,* 6(3), 179–88.

European Foundation for Quality Management 1997: *Self-Assessment 1997 Guidelines for Companies.* Brussels: EFQM.

Ishikawa, K. 1976: *Guide to Quality Control.* Tokyo: Asian Productivity Organisation.

Lascelles, D. M. and Dale, B. G. 1990a: Quality management: the chief executive's perception and role. *European Management Journal,* 8(1), 67–75.

—— 1990b: The use of quality management techniques. Quality Forum, 16(4), 188–92.

McKinsey, and Company 1989: Management of quality: the single major important challenge for Europe, European Quality Management Forum, 19 October, Montreux, Switzerland.

McQuater, R. E., Scurr, C. H., Dale, B. G. and Hillman, P. G. 1995: Using quality tools and techniques successfully. *The TQM Magazine,* 7(6),

37–42.

McQuater, R. E., Dale, B. G., Boaden, R. J. and Wilcox, M. 1996: The effectiveness of quality management tools and techniques: an examination of the key influences in five plants. *Proceedings of the Institution of Mechanical Engineers*, 210(B4), 329–39.

Scharp, A. 1989: What gets measured gets done: the Electrolux way to improve quality, European Quality Management Forum, 19 October, Montreux, Switzerland.

第六章

全面品質管理：
高級主管常犯的錯誤

概論

　　在第五章我們曾經提到，企業內部高級主管的責任之一，就是要是創造適合全面品質管理的環境、氣氛和組織，其中的基本的要件是透過審慎而有系統的程序來改變組織內部各階層人員的行為與態度。因為許多組織性因素（包括企業文化、教育訓練、工作態度等）缺乏TQM的觀念，而造成製造業的從業人員只是把品質視為區分良品與不良品的方法，而第一線的銷售人員更會因此以「要不要隨你」的態度來面對顧客。

　　要創造適當的企業文化使得員工重視個人工作的表現與成果並非易事，然而若能採用某些品質管理的技巧，如統計製程管制（SPC），目標就比較容易達成。改變企業文化可能必須費時數年才能完成，而員工很容易在壓力下回過頭去採用傳統的工作方式而導致TQM的推動功虧一簣。同時，在轉變的過程中，員工也常會質疑推行TQM的目的何在；我們也會看到有些員工只是在一旁冷眼看待，等著TQM的一些措施虎頭蛇尾地失敗和終止。所以在推行全面品質管理的過程中，勢必會遭到各式各樣的阻礙，而從過去的經驗來看，這些障礙卻經常來自於中高階層主管。

　　本章將介紹管理階層在推行TQM時常犯的錯誤，並探討企業組織中普遍缺乏TQM觀念的原因。必須要注意的是，如果所有主管都能依照第五章所提及的各項重點確實執行，就不會誤踏本章所提到的各項陷阱。

時間

　　組織中許多重要的主管還不願意花時間去了解TQM和致力於持續性品質改善，這些主管的態度使其他部門（財務、行銷、製造、研發等）認為TQM的實施並非企業運作過程中的第一要務。員工對TQM的看法有很多是：「文字敘述很多，但卻沒有實際的決心」、「能言善道，卻無明確的執行方案」、「全是口號，沒有行動」等等，員工往往認為主管花太少的時間在品質改善的工作上。事實上主管的工作時間主要用在下列五個部分。

　　1. 行政工作（如例如撰寫報告、參加會議等）；

　　2. 公務旅行；

　　3. 解決問題；

　　4. 控管（如計畫改變、組織調整和新產品、科技或服務的等等）；

　　5. 改善；

　　推行TQM的責任主要落在高級主管的身上，他們必須全心投入其中，如果不能做到這一點，企業組織終究不會發生任何重要的改變。一般主管通常會說自己沒有時間，但事實上，如果能以TQM的方式來做事，自然就能「創造」出時間。舉例來說，Milliken公司的總裁以及高階經理人把大部分的時間放在所謂「追求卓越」的工作上（Anonymous, 1989）。為了要確認高階經理人把時間全部都用在品質改善的相關工作上，公司就將薪酬系統與品質系統劃上等號，只要客戶滿意度和員工滿意度能提高（根據EFQM的標準），主管就能得到更多的紅利。

　　有些高級主管向資深員工宣導TQM的觀念時，也同時要求他們負起

相關的責任，做好自己分內的工作，這些資深人員便開始面對許多財務、行銷、新科技、產品替換和組織重整等問題。高級主管一方面要求他們心無旁騖地全心投入，另一方面也要求他們隨時回報工作的進展。

高級主管經常假設這些工作是依據一些確認的工作程序來執行，但事實上可能不見得如此。每個人原本都有日常的工作量，接到這些任務指派之後，可能無法全心照顧到每項工作，因此他們可能誤以為高級主管期望和交代的工作將影響自己工作的表現和利益。另一方面，這些經過指派的任務是高級主管從未面對過的，所以他們可能不了解實際的狀況會如何。高級主管採用這種被動的方式只能算是口頭上支持TQM而已，真正與品質改善有關的工作反而全部推給下面的人去進行。他們犯的第一個錯誤就是要求員工「照我所說的去做，而不是效法我所做的」；或「你先改變你的作法，然後輪到我」。

還有另一個現象是高級主管花很多時間吸收和過濾TQM的經驗，以發展自己的專業知識；但是卻不讓其他員工有同樣的機會和時間去了解TQM，然後這些高級主管就開始抱怨員工為何不按照自己的指示去執行工作。這些現象通常導因於賣弄術語、誤用管理工具與技術、目標訂定不當、團隊運作不佳以及缺乏行動等因素。高級主管在面對挫折時，可能會在主管會議中，指責工作不力的主管或部門；但是高級主管要避免這種情況發生，因為指責將會影響中層主管的士氣。

中層主管經常抱怨高級主管常常藉故不參與TQM的訓練課程，不是找人代替出席便是提早離席。高級主管如果有這樣的行為，所傳達出來的訊息便是「TQM並非第一優先的要務」。福特汽車公司在英國成立了三個訓練中心，專門用來教導員工統計製程管制（SPC）的課程，在三天的訓練中，每項課程都是針對高級主管所設計，但是這三個訓練中心都向總公司反映來參加的高級主管太少。結果該訓練中心把三天的課程濃縮成一天，也將教學的目標修正為「使高級主管了解SPC的意義和如何應用在策

略規劃上」。

　　過去十多年來，曾舉辦過許多關於TQM的研討會，但是參加的人員通常都是中階主管，很少看到高級主管與會。除非研討會只邀請高級主管，這些主管才能自在地和同樣階層的人士交換意見與經驗，不會因為有中階主管在場而感到不自在。最明顯的例就是EFQM（歐洲品質管理協會）的年度論壇，參加這個論壇的都是全球各大企業的資深經理人，只可惜他們一方面必須從品質管理專家的授課中學習，另方面又受挫於主管未給予足夠的支持來推動持續改善。

資源

　　第二項常見的錯誤就是誤用管理資源。企業組織開始推行TQM時，需要適當的基礎建設來支援相關的工作和部門，員工也要投入心力和時間來進行品質改善的計畫。Cook與Dale（1995）指出，管理階層對於組織內配合品質改善的基礎建設進度漠不關心，而且有些措施與設備在TQM推行流程尚未正常化之前就已經撤除，無法發揮完全的功效。

　　從品質管理的結構來看，每日例行的品質管理工作和TQM的推展活動應該加以區分，否則品質管理部門的人員便會模糊焦點，把注意力放在短期的表現，而減少了投注在長期品質改善計畫的心力與時間。這種現象在一般公司相當常見，員工通常會把大部分的心力放在自己主要負責的例行性工作，因為這些工作是員工最熟悉、也最容易表現成效的部分，而品質改善的相關工作相較之下就顯得不甚重要，尤其是必須透過團隊合作的工作。如果公司在考核、評量員工績效的過程沒有加入品質改善的部分，員工就會更不重視這類的工作項目與內容。公司必須鼓勵員工投入品質改

善的工作，而最好的方式就是解除員工每日例行的工作量和壓力，這樣相關人員才能全心整合各類資源，進而提供適當的品質改善建議給高級主管參考。

　　高級主管應該投資經費在與品質相關的教育訓練上，而且要持續進行。許多主管把教育訓練視為花費而非投資，當公司屢遭客戶抱怨而被迫進行品質改善教育時，他們只願意購買某些TQM的訓練課程，但是因為其他資源不能配合這些課程，參加訓練的員工也就無法了解實際推展的情況會如何。另外還有一些公司雖然編列預算進行TQM的教育訓練，但是當公司生產／服務的績效提升之後，教育訓練的預算隨即遭到刪減或擱置。

　　TQM的終極目標是要讓每位員工把品質管理當成自己工作中的必經流程，並且全心投入持續性的品質改善上。這樣的結果並非一蹴可幾，高級主管必須親自帶領部屬走過每個階段。當員工了解高級主管已經身先士卒地執行TQM的工作，除了能夠贏得部屬的尊重之外，也會使品質改善的工作推展更為順利。

　　「去把事情做好」是最常受到進行改善活動的員工抱怨的一句話。這樣的抱怨較常見於追求改善現有產品／服務的企業，而一些從頭規劃品質計畫而且剖析明確的公司則較少聽到類似的抱怨。

　　當品質改善活動牽涉下列人員時，情況就變得困難重重：例如工程師、生產後勤支援人員、設計人員、銷售人員與行銷人員等等。舉例來說，若指派工程師和技術人員安裝一個簡單的偵錯裝備，他們通常會說自己沒時間。非製造相關部門的技術人員大多不了解品質管理的技巧，更不懂得如何去運用。使用品質規劃技巧如FMEA（失效模式與影響分析，Failure Mode and Effects Analysis）和QFD（品質機能展開，Quality Function Deployment）是大部分員工不願多花精力的部分，因為這樣將會佔據他們其他日常工作的時間。追究其原因並非人們不了解這些管理工具的效果，而是他們沒有時間利用這些工具。要熟練地運用這些工具，可能

要花費許多可用於業務推銷的寶貴時間，因此大家都躊躇不前，寧可花時間在業績提昇上。高級主管通常無法察覺這些障礙，以及這些障礙對品質改善的影響。品質改善計畫的負責人要設法讓高級主管了解品質管理工具的效用與價值，並使主管熟悉並善用這些工具。

至於業務與行銷部門中，員工配合品質改善相關議題的腳步也很慢。原因多半是這些人不確定所謂品質改善的深度與廣度，也不知從何著手。解決的方法就是推行所謂的「24小時全天候改善」概念，當初由RHP Bearings公司最先倡導的。此一概念的架構是針對全員參與和工作場所的直接品質改善而設計，目標是告訴員工日常工作中有關品質的部分全部都會受到公司的重視，高級主管也有決心讓這些部分能有正確的發展方向。由工程人員、銷售點服務人員和品質管理人員所組成的小組，每天固定集會討論，並聆聽負責工作流程設計的同仁對改善的建議。會議的時間不超過15分鐘，會議的結論與建議都能在24小時之內得到上級的裁示。然而，這並不代表我們要忽略長期的品質改善；相反地，長期品質改善是以其他的形式進行。每次小組會議時，他們還會檢討上次會議的決議事項是否徹底執行，連同本次會議的會議記錄呈送單位主管參考。會議討論的改善建議通常包括三個主要項目：效果、行政工作、以及安全問題，整個計畫架構每天都由管理階層詳加監控，目的就在落實品質改善的觀念。

另一項資源不足的問題就是忽視工作錯誤的來源。在一般的情形下，當員工發現瑕疵品之後，便會立即給予簡單的修整，以免遭到客戶退貨，但很少有人會花時間找出錯誤發生的來源，並研究防止錯誤再次發生的方法。結果問題不僅仍然存在，而且愈來愈多。另外還可能發生的情形是，當某項問題解決之後，隨即引發更多其他的問題，甚至還超出原來問題的範圍。要避免這種情形，高級主管除了要了解TQM所要求的資源有哪些之外，還必須針對工作的進度建立稽核制度。

還有一項重要的課題是高級主管必須經常考慮各種節約成本的機制，

並注意這些機制應如何公布和實行，否則可能會對持續性品質改善的工作造成負面的影響。

團隊合作無法落實

　　高級主管應該先以團隊合作的方式發展品質改善的目標與計畫，同時訂定評估組織內部改善績效的方式。主管的職責在於確認組織的機會、排定各項計畫的先後次序和管理組織內部的各項資源。某些企業組織可能企圖先解決眼前急迫的問題，例如組織重整、技術創新等，這些都是以犧牲團隊合作和品質改善流程作為代價。高級主管很少會以團隊合作的方式，仔細考慮公司的品質改善策略；當接獲客戶對品質的抱怨時，只會在主管會議上抱怨各項流程出的問題，然後「痛苦得想撞牆」。在一些個案研究中，我們觀察到主管會議中高級主管通常一人面對許多中級主管，每個人都希望長官能多注意自己的計畫或工作，於是整個經營團隊並無法凝聚出一致的目標與議題。

　　團隊合作是TQM的一項必備條件。高級主管必須思考在經營團隊中，團隊合作精神是否清楚地傳達與貫徹，因為這是品質改善的開端。團隊合作能：

- 使人們遵守TQM的各項原則。
- 提供另一條溝通的管道，掌握主管與部屬間、跨部門間和與客戶間的訊息交換。
- 提供員工參與公司決策的機會與機制。
- 改善人際關係，建立互信與合作的基礎。

- 激發個人的領導特質。

- 創造集體的責任感。

- 幫助個人的內在發展與建立自信。

- 發展解決問題的技巧。

- 啟發人們對品質改善的認知，進而帶動態度與行為的改變。

- 促進管理風格的改變。

- 解決問題。

- 提振士氣。

- 使所有員工朝同一方向努力，以增進營運效能。

促進團隊合作有很多方法，在本書第八章中會有詳細的介紹。

資深主管應重視傳統管理體系下受害的中級主管與第一線人員，因為他們擔心品質改善會影響他們的工作在組織中的重要性。有一些中級主管總是扮演解決問題的角色（他們也因此得到升遷），但卻對於其他的事情完全一無所知。他們認為自己是靠「困難」和「問題」吃飯的，因此當公司推行組織扁平化和持續性品質改善後，他們會擔心這些措施是否會危及自己的職位。有些高級主管不善於選擇適當的人員來加入經營團隊，而這些他們所偏愛的「老戰友」通常會對 TQM 的推行造成負面的影響。在某些個案中，因為這個現象發現得太晚，最後只能將這些人調離現職，以避免他們造成更大的損害。但是這些人在新職位上如果還是不改自己的管理風格，那麼將嚴重影響品質改善工作的推行。這時候，如果高級主管不出面「解決」這些人，那將會使員工開始懷疑公司改善品質的決心。在一家德國的汽車零件製造公司中，由於嚴密的工作階級劃分以及跨部門間溝通不良，當推行品質改善計畫時，中階主管便給部屬許多阻擋與障礙，而這也是高級主管聽不到第一線工作人員聲音的原因。這個情況很快地在組織中蔓延開來，也許第一線主管也不希望自己的工作被其他單元計畫的領導人

取代。相關個案的細節,可參閱Dale與McQuater的著作(1997)。

訓練

　　日本企業在持續性品質改善之管理能力的表現遠超過歐洲公司,這是日本企業成功的重要因素之一。他們相當重視訓練和管理階層的結構,使員工熟悉各種與品質改善相關的技巧、工具和問題解決程序。舉例來說,在面對日幣持續升值的壓力時,日本企業便積極進行全球化、開發新市場、提高品質改善目標等,都可說明他們在持續性品質改善上的決心,在第九章還會有更深入的說明。西方企業在TQM的教育訓練上投資較少,也較不重視問題分析技巧的發展。

　　對企業來說,在技術、設備方面的投資固然重要,但是對人員的訓練更是重要,因為TQM需要不同的工作技巧;在現代有愈來愈多的企業會提供員工基本的訓練,包含公司簡介、財會制度等,使新人能更快地融入工作環境。而員工也知道自己如何在本身的責任範圍內做好改善品質的工作。週期性的訓練有助於傳達品質改善的觀念,使之內化於每個人的日常工作中。在一些企業中,所謂施行TQM的決心就是要求所有員工都必須參加各種與品質相關的訓練課程,甚至規定每位員工每年需參加訓練課程的最低時數。

　　高級主管開始了解推行品質系統所帶來的好處,但是若無法形成行為與態度的改變,那麼這些好處很快便會消失。教育訓練必須配合公司變遷的腳步與深度,這些訓練計畫的目標應使員工對TQM形成一致的共識,以消除企業組織中各階層人員在認知上的誤差。這些訓練應包含領導、諮詢和輔導這三方面的技巧,因此訓練計畫必須經過審慎的規劃,使員工能適

時地熟悉相關技能，必要時應延請高級主管主持部分課程。

裴尼與戴爾（Payne and Dale, 1990）曾指出傳統訓練的幾項缺點，正好足以提供高級主管在規劃TQM教育訓練課程時的借鏡：

- 無論「品質至上」是否為企業文化的一部份，高階主管很少會參加訓練課程，特別是公開討論的課程。

- 訓練規劃部門與各部門主管討論各自需要的訓練內容，並指派代表參加訓練。這種作法通常使受訓的代表產生負面的反應，他們經常會抱怨受完訓回到辦公室之後，「桌上公文堆積如山」、「許多電話與信件必須回覆」、和「各式各樣的諮詢有待回答」等等。

- 如果訓練是在工作現場舉辦，在訓練結束後很少見到有後續的指示與建議。

- 典型的授課方式為：首先講解原理原則，然後介紹實際運用的例子與存在其中的困難。課程內容多半來自於授課者的工作經驗，與學員本身的工作較少有關聯。

- 受訓前，學員無法評量授課者的專業背景。

- 授課者的經歷不足，只熟悉本身的工作內容，缺乏適當的資料可以作為引用的例證。

- 學員在課程中獲得的新知識，回到工作崗位後很難再傳授給其他人，也很難應用在實際工作上。教育訓練只能改變受訓學員的行為與態度，要學員回去激勵並改變同事、上司的行為與態度，便無可避免地會遭遇到許多困難與挫折。

- 若學員所屬的公司對工作計畫管制嚴格而缺乏自行發展的空間，學員在受訓時便會缺乏整合課程中各項知識的意願。

- 學員影響其他同事之行為態度的困難有一部份與其每日的工作壓力有關，這些壓力通常是因為無法將新知識運用在工作上所致。因而

會使得學員對於改善工作內容的動機快速消失，課程中的教材與筆記被束之高閣而漸漸遺忘。

如果不能協助持續改善的過程，那麼教育訓練就無任何價值可言；如果部門員工和組織本身不能利用所學到的新知識配合相關的改善計畫，來發揮品質管理的觀念與技巧，那麼教育訓練就成了一種浪費。教育訓練必須適時、適人，而主管有責任使受訓學員能將學習的成果融入日常生活的工作中，否則對企業組織而言，投注在教育訓練的資源便完全不能回收。

體認

花在學習TQM上的時間太少，代表高級主管對於TQM的哲學與邏輯認識不足，對相關的技術、系統概念和程序也不甚了解。TQM的哲學和持續性品質改善的方法在幾位國際知名的教授如克勞斯比（Crosby, 1979）、戴明（Deming, 1982）、裘蘭（Juran, 1988）和費根堡（Feigenbaum, 1991）的宣揚下，已經廣為人知（但不包含被某些人錯誤地複誦）。問題就出在高級主管對這些觀念的傳遞和落實；不要忘記當人們一無所成的時候，最常用的藉口就是「我不了解」（I don't understand.）。

在歐洲，知識與觀念的差距會因為大學、研究所、商業學院和技術學院中缺乏TQM的課程而擴大（見 van der Wiele, 1993）。也因此歐洲品質管理基金會（EFQM, 1989）創立的宗旨包括：

鼓勵商業學院與大學發展、推行、及提升品質管理的課程計畫。

EFQM有意增進西歐國家的學術研究，強化品質管理方面的能

力、方案和成就。

今天TQM課程在歐洲高等教育體系中已開始受到重視，大學和商業學院相繼開設TQM的相關課程，而在量與質方面均有提升（van der Wiele and Dale, 1996）。

大部分的高級主管在他們正式的學校訓練中，很少接觸到TQM和持續性品質改善的哲學與觀念，因此他們無法建構出完整的品質觀念和經營方法。對品質觀念缺乏體認，可以從下列幾點看出：

- 缺乏TQM的組織願景、使命與指導原則。導致組織功能、人員與改善工作的不和諧，次序不分，計畫不明；也無法建立一個員工可以積極參與的環境。員工對品質的價值沒有共識，使得員工對工作的期望標準不一。在品質定義不明的情況下，導致問題叢生。簡而言之，就是缺乏凝聚力。

- 高級主管不了解推行TQM時本身應具備的條件和負擔的責任。高級主管應該參與哪些活動、應該協助哪些工作，他們完全不清楚。他們通常花很多時間在討論品質相關的問題，因為他們本身缺乏能力、知識和技巧來自己解決問題。

- 擔心員工參與程度過高、權力過大。他們通常不了解企業實際作業面所需的知識和投注，以及應該要信任員工並尊重其專業。

- 高級主管有時不願與他人交換資訊與意見，也不善於面對面進行溝通。TQM要求公司內部沒有秘密可言。例如公司的營運指導委員會的成員、活動和決策都必須使全體人員有自由溝通的機會。

- 不了解推行TQM時各單位的角色。這通常會導致進行解決困難和規劃預防措施時，各單位無法發揮團隊合作的精神。另外一個現象是把問題推給別人，「只要他們把事情搞清楚，一切就沒問題了」。在這情況下，品質改善的工作就侷限在少數部門的範圍內，其他人都

被摒除在外。這樣的現象在製造業的客服部門中特別常見。

- 經營團隊沒有建立里程碑、檢查點、階段性任務、關鍵性指標、目標達成要素、標準與計畫。而員工也不清楚公司營運的進度。

- 視 TQM 為紙上談兵、只能滿足少數重要客戶。我們常看到品質管理經理和技術人員想出一些點子和招數讓客戶相信公司十分重視 TQM；同時在高層主管面前描繪出美好的遠景，使他們相信公司正朝 TQM 的方向前進。高級主管往往不了解 TQM 在組織中發展的最新進度，如果引用適當的自我評鑑工具，就可矯正這一類的問題。其負面的影響是組織會特別強調某些項目的表現，如產業關係、公共關係、行銷特色，以獲得 EFQM 等單位的好評，卻忽略品質方面的真正作為。

- TQM 的觀念與經理人過去受過的專業訓練、信念、管理風格和公司文化相衝突。他們打心底不認同 TQM 的作法。

- 某些高級主管認為他們的組織性質特殊，與 TQM 所能描繪的層面不同，不能沿用相關的工具、技術、系統和流程。

- 太多高級主管把自己關在辦公室，不去了解現場作業情況，導致無法感受第一線工作人員的心情。這現象常見於大型組織中，因為部門眾多、分層負責，因此有「不知民間疾苦」的情形。有一位化學藥品製造商的副總裁說得好：「辦公室的功能何在？就是保護經理人的褲管不被弄濕。」

- 有些高級主管永遠在追求流行（例如企業流程再造，BPR）。這顯示他們不了解 TQM 對於組織競爭力的助益何在。

- 有些高級主管認為 TQM 的原則推行上很容易，但是進度卻很緩慢。這是因為他們不了解如何完整落實 TQM 的觀念。他們過度迷信 TQM 的好處，而被某些花招所矇騙。無法做好這件簡單工作的原因，追根究底是不了解 TQM 在企業營運流程中所扮演的角色。

- 不鼓勵工作人員找出錯誤的來源。應該要鼓勵每個人找出並修正影響品質的問題，並要求員工詳細敘述內心的想法，因為聆聽員工的心聲是持續品質改善過程的要素。

- 某些高級主管鼓勵發展有效的系統來管理重製品與不良品，然而這不並是最重要的部分，管理重製品與廢棄物的重要性遠不如持續性品質改善。

- 不能適時發覺並獎勵個人與團隊的努力。發覺並獎勵員工的辛勞是展現高級主管關心員工的最佳例證。除了員工的辛勞之外，公司也應鼓勵員工勇於表達意見，證據顯示在溝通順暢的企業中，員工的忠誠度會因而提升。

- 第一線人員對於市場與顧客的意見無法及時且完全地反映。

- 對於在持續性品質改善過程中，第一線人員的基本角色認識不足。

錯誤的觀念

　　有些高級主管經常接收錯誤的訊息，因而不能根據持續性品質改善過程的基本原則行事。這個問題導因於對TQM的原理認識不足，很不幸的是，在這裡所提到的一些觀念上的誤解都是可以避免的。舉例來說，TQM的重要性無庸置疑，但是卻有企業延攬學者為資深顧問，只為了研究TQM和持續性品質改善是否為當今最重要的課題。其他的例子還包括，（A）有些顧問鼓勵企業根據EFQM的模型進行自我評鑑，因此把工作流程的重點放在評鑑的項目，而非持續性品質改善活動；和（B）顧問與學者鼓勵企業以「企業流程改造（BPR）」來取代「全面品質管理（TQM）」。

　　持續性品質改善被認為是品質管理部門主管的責任。除此之外，TQM

被定位成製造與作業的功能之一，只和製造業的工作人員有關。資深主管認為，所有品質的問題都與特定的工具、技巧或系統有關，他們不需要接受其他的品質訓練就能夠改善工作流程。

現在愈來愈多的企業開始注意客戶的需求，以符合品質管理所要求的標準；同時也引進各類TQM的工具與技術如SPC和FMEA（Failure Mode and Effects Analysis，失效模式與影響分析）等，因為這些是基本的要求。但是許多企業在TQM上的成就也僅限於此，而且停滯不前。有一位電子零件製造廠的副總裁在每次主持SPC的訓練課程時，他都用下面這句話開場，值得我們思考與借鏡：「忘掉福特汽車和通用汽車的例子，我們的SPC是為了自己的生存所設計的。」

資深主管通常會對某一單項的TQM工具抱持著很高的期望，但是在經過短時間的試用之後，許多人都覺得這些工具效果不彰，於是開始試用另外一項工具（見圖6.1）。但是，事實上TQM之工具與程序的效果是累積性的，必須將不同的工具搭配使用，才能看到成效（見圖6.2）。

在其他的個案中，高級主管認為組織內品質的問題可以透過改變員工的「行為與態度」來解決。他們希望改革能從基層開始，而不是中高主管階層。

資深主管應當了解，當任何改革與變遷是由上到下執行時，成功的機會遠大於由下到上。同時還有人認為品質的問題都在人的身上，所以只要引進自動化、電腦化等高科技就能解決問題；這樣的想法低估了一些「小事」（如行政工作等）的重要性和人的影響力。

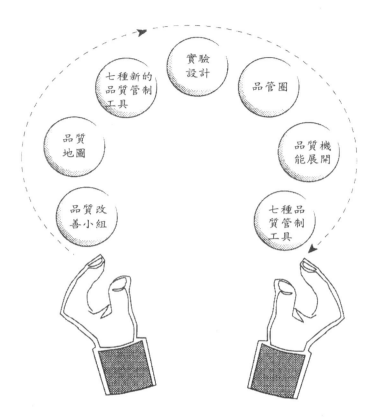

圖6.1　品質管理工具以及技術的使用

產出與成本是第一優先考量

　　股東、董事會和財務機構的工作是監督企業高層經營團隊，所關心的都是數字方面的問題，包括利潤、成本、員工數、營業額、產量、庫存率

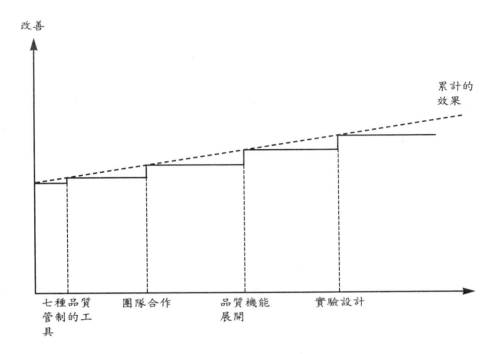

改善

累計的
效果

七種品質　　團隊合作　　品質機能　　實驗設計
管制的工　　　　　　　　展開
具

圖6.2　透過品質管理工具以及技術的使用來達成逐步性的改善

等。也因此經營團隊就自然而然把重心放在數字問題上，尤其是以財務出
身的主管為甚。最後高級主管會把管理的重心放在「量」的追逐，而忽視
「質」的改善。比較起來，要改變量的問題較為容易，可以在短時間內達
成；但要改善品質則需要長遠的計畫，所有的工作都必須決定其輕重緩
急。財務表現良好的公司很少會考慮到進行TQM的需求，因為TQM所帶
來的好處無法立即看到，更何況有些好處是無形的。

　　傳統的績效制度（如營業目標）使員工專注在量的問題，即使主管強
調品質第一優先，一旦眼見目標無法達成，工作的中心又會回到量的追
逐。這種作法只會導致反效果。

　　我們常看到主管一味地要求出貨進度，即使知道貨品中有瑕疵品，依

然交貨給買主，以履行出貨的承諾。某些企業利用特許營業權（如專賣權）來使得這種作法合法化；另外還有一些企業則想盡花招使客戶找不到瑕疵或不對瑕疵品產生抱怨；甚至有些人在收到瑕疵品的退貨時，還設法轉賣到其他公司。造成這種現象的原因是量化目標的界線太過分明，達成目標與否全看數字來決定，而生產單位也正好需要這種簡單明確的績效評量方法。客戶抱怨、賠償聲請和售後服務所產生的成本不僅難以估計，也很容易淹沒在其他的業務支出項目下。

不當的統計數據

高級主管通常不了解程序的變異與特性，他們只在乎自己的統計知識不足，而不願以統計數據來輔助決策。所謂的統計數據並非單指敘述統計（如總量、平均量等）的部分，而是強調「變異」與統計學的思考方式。高級主管應具備相當的統計知識，才能針對工作流程提出適當的解決方案以改善決策品質。同時要了解統計工具本身所具有的限制，才能正確解讀分析報告。

例如在推行SPC時，高層經營團隊必須先了解相關的統計知識，並運用在決策過程中，以展示公司對SPC的高度重視與參與。當各部門落實SPC時，員工必須開始習慣閱讀各類的統計圖表，解讀圖表呈現出來的相關訊息，並且學習如何以圖表來呈現資料以及工作程序上遇到的問題。圖表是SPC制度中重要的溝通工具，忽略圖表資訊必將影響品質改善的過程。別忘記SPC的目的是教導人們如何對「過程」提出問題。

摘要

　　TQM的好處是使企業能在所有競爭者當中脫穎而出、提升效能、並建立公司在顧客心目中的品質形象，而其成功的關鍵便在於高階主管下決心並全心投入TQM的工作中。

參考書目

Anonymous, 1989: Xerox and Milliken get Baldrige Award. *Business America*, 110(23), 2–11.

Cook, E. and Dale, B. G. 1995: Organising for continuous improvement: an examination. *The TQM Magazine*, 7(1), 7–13.

Crosby, P. B. 1979: *Quality is Free*. New York: McGraw-Hill.

Dale, B. G. and McQuater, R. E. 1997: *Tools and Techniques for Business Improvement*. Oxford: Blackwell.

Deming, W. E. 1982: *Quality, Productivity and Competitive Position*. Cambridge, Mass.: MIT Press.

European Foundation for Quality Management 1989: *Introduction to EFQM*. Brussels: EFQM.

Feigenbaum, A. V. 1991: *Total Quality Control*. New York: McGraw-Hill.

Juran, J. M. (ed.) '1988: *Quality Control Handbook*. New York: McGraw-Hill.

Payne, B. J. and Dale, B. G. 1990: Total quality management training: some observations. *Quality Assurance*, 16(1), 5–9.

van der Wiele, A. and Dale, B. G. 1996: *Total Quality Management Directory 1996: TQM at European Universities and Business Schools*. Rotterdam: University Press.

van der Wiele, T., Timmers, J., Bertsch, B., Williams, R. and Dale, B. G. 1993:
Total quality management: a state-of-the-art survey of European industry.
Total Quality Management, 4(1), 23–38

第七章

激勵、變革及文化

概論

　　本章將闡述各種不同的激勵理論及其對經理人和組織所代表的意義。在追求TQM的程序中，組織變革的執行和維持相當困難，而文化的改變更應該要視為長期策略的一個重要部分。

激勵的工作特性模式

　　哈克曼與歐德曼（Hackman and Oldham, 1976）所提出的工作特性模式，點出了工作滿意度與激勵的五個核心特性（請見圖7.1）：技能的多樣性、任務的完整性、任務的意義性、自主性與回饋性。根據這項模式理論，滿意度與激勵取決於員工個人心理的臨界狀態（a）工作的意義、（b）對工作成果所應負的責任，以及（c）了解工作成果。資深經理人尤其必須特別注意最後一項，包括對工作成果的反應、回饋、溝通，和改善行動的進展。

　　上述的心理臨界狀態與工作的核心特性息息相關。「技能的多樣性」或多重技能的重點在於面對工作時所需要的能力與技能；「任務的完整性」和「任務的意義性」的意思是指這些任務能形成可辨認的整體之程度，以及這些任務對他人的影響；「自主性」的概念與工作的自由度以及獨立有關，而「回饋性」則是提供個人在有效率地進行工作以後對於工作結果的認知。

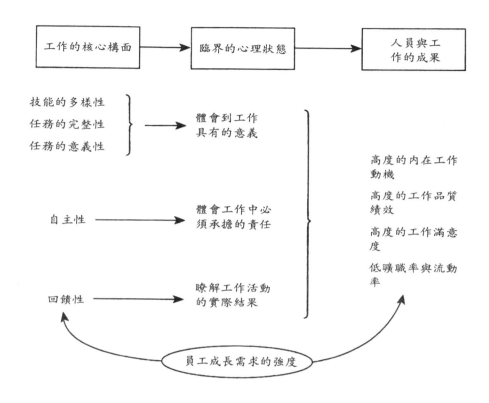

圖7.1　工作特性模式

來源：Hackman and Oldham（1976）

例如：

- 在個人或團隊的改善計畫中，學習和練習「解決問題的技能」、各種工具與技術的使用，以及對於流程中所應完成的各項任務的了解，都有助於增強上述的三項核心工作構面。
- 統計製程管制有助於製程操作者對於其所負責的流程的掌控。
- ISO 9000系列所要求的內部稽核和管理，能以正式化的形式控制製

程操作者的處理措施。

努力、績效和成果

程序理論

另一與激勵相關的研究取向則檢視相關的認知程序。其中,最重要的激勵程序,是在研究人們期望從付出的行為中得到何種回報(Lawler, 1973)。簡言之,人們對於工作願意投入多少心力,乃是取決於下列三項要素:

1. 期望:努力是為了更好的成就。
2. 工具性:績效能否得到好報酬,如升遷、保障工作權。
3. 可能得到的報酬是否符合個人和工作團隊的期望。

圖7.2說明人們對於工作所投入的心力足以反映其激勵水準。有關於期望、工具性和價值(通常稱為期望理論或期望/價值理論)等等概念的理論,是當今許多激勵和工作行為研究的基礎。根據期望理論,決定激勵、努力以及工作滿意的指標如下:

1. 努力(E)與績效(P)間的關係;相信多一分的努力就會有多一分績效的程度。
2. 績效與結果(O)間的關係;相信工作績效改善,就會得到如拔擢、獎金、紅利、重用、工作自主權、工作保障、認同等結果的程度。

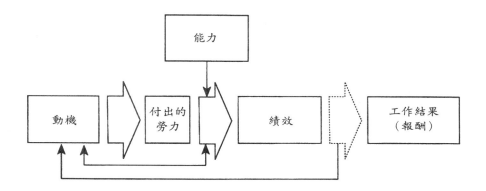

圖7.2　根據期望理論所推導出的動機—行為程序。個人的動機是下列三項
　　　　的函數：（a）對於所付出勞力以及績效之間關係的期望，（b）
　　　　對於工作績效以及工作成果之間關係的期望，還有（c）對於工作
　　　　成果所感受到的價值。

來源：Hackman 等人（1997）。

　　3. 可能的結果之吸引力或價值（V）；人們所關心的可能結果，包括
　　　減少工作危險、工作輕鬆、有趣等。

其他值得參考之要素還有：

　　1. 即使激勵非常強烈，但績效並不一定能反映其激勵。能力不足、缺
　　　乏訓練、材料、機器、人手和工具準備不充分，不適當的策略，或
　　　對持續改善沒有助益的制度和組織環境等，都會影響到績效。

　　2. 人們一開始相信，努力、績效和結果之間有必然的關係。例如，相
　　　信如升遷、認同、工作條件改善和加薪乃是取決於優秀的績效，但
　　　是後來的經驗並未證實績效與結果之間的關係，進而修正其信念。

吸引力和報酬

　　這項理論有兩個重點。首先，某項結果或報酬有沒有吸引力，看法因人而異；有人視為至寶的報酬，有人卻棄之如敝屣。因此，雖然期望理論希望能夠找出所有員工都適用的努力—結果通則，但在進行獎勵時個人差異還是不能忽略。認同並讚美員工的成就是持續改善程序中的重要特色，組織必須找出最適合員工的鼓勵方式。其次，期望理論的焦點雖是人類共通的心理歷程，但了解組織內部每一個人激勵的內涵（如他們是否較在意加薪、工作安排有彈性、能參與決策）也很重要。

對於各個經理人的涵義

　　那德勒與勞勒（Nadler and Lawler, 1979）提出經理人在發展持續品質改善程序中，應予特別重視的幾個重點：

1. 找出每一位員工認為有價值的結果或報酬。
2. 不同的人具有不同的價值觀。
3. 認清楚到底哪些行為構成優良績效。
4. 確保對員工之績效水準的要求是可以達成的。

　　依據理論，員工因為相信可以達成個人目標，因此決定對某件事投入心力；不過，當他們認為組織所預設的績效水準是不可能達到時，即使他們投入非常多的心力，但其激勵也會相當低。

　　經理人應該要留意戴明14點原則中的第10點「避免向員工喊口號、訓誡和訂目標，並要求他們達到零缺點與新的生產水準」，以及第11點「消除對員工設定數量上的配額，以及管理當局減少數量性的目標」，提醒

經理人勿擬定太多的目標而未提供達成目標的方法。戴明（Deming, 1982）認為，目標如果訂得太低，員工可能會因為達成容易失去繼續改善的動力。反之，目標如果訂得太高，員工可能會因為無法達成而理想幻滅。這個結果將可能會造成組織損失及錯失機會。不過在日本卻有一個有趣的現象，經理人刻意訂出高目標以激發員工潛能；儘管這些目標並非專為員工設定，但員工也是政策佈署程序的一部分（請見第九章）。

> 確保要求的表現水準、結果、以及報酬之間，有直接、清楚、明確的關係。

員工必須能清楚觀察和體驗到績效—結果之間的連結，否則對他們的激勵將不會提昇，連帶的他們也可能會保留在工作崗位上應對改善程序付出的心力。組織所採行的鼓勵方式就是這類型問題的最佳指標。大型組織的獎勵方式通常都由總部制定，而透過各級經理人來執行，因此特別需要三思及修正。

> 檢視有無期望上的衝突。

期望一經形成，員工就會清楚理解努力—績效以及績效—結果之間的關係，此時必須檢視組織內部其他成員、程序、制度都能呼應上述的期望。例如：

- 在多國籍企業中，管理階層通常會接收到混雜著企業總部和高層主管的訊息，例如安全與環境改善的概念。中階主管經常抱怨，他們必須以思考弦外之音的方式來解讀訊息，才不致於發生誤差。
- 有些經理人會把所有心力花在滿足生產排程的要求，持續改善的任務則擺第二。這是傳統上以檢驗來管理品質的公司典型的情況，那邊起火，就往那邊滅火。

- 許多中階主管一想到他們要如何在有限的時間、精力和資源,能夠有效率地投入公司的品質、製造、物流、科技等重要策略,都不由得洩氣;最後,他們可能會選擇全力推動他們自己最喜歡的專案。TQM不僅是長期計畫,其涵蓋範圍也相當的廣;資深經理人在審慎地擬定TQM目標和策略後,應堅持決定與領導方式,再加上組織各層級中不同部門所出現的改善前鋒及擁護者,都會激勵中階主管對於所管轄的程序負起責任。從主管對計畫的了解、決策的優先順序,以及每天的工作活動對原則的落實,就可以看出他們執行TQM的決心。

確保努力所換取的結果之改變是值得的。

誠如那德勒與勞勒(Nadler and Lawler, 1979)所言,「種瓜得瓜,種豆得豆;員工對於小利小惠的報酬只願付出些許的努力,改善的成效也因此微不足道」。不過,從財務的角度來看是小利,在認同和滿足感方面意義卻非凡。因此,經理人不能總是依循企業程序再造(Business Process Reengineering, BPR)的建議,盼能使改善大躍進,小步伐逐漸改善不僅容易達成,也容易確保認同感以及報酬的獨得。

確保制度的公平性。

期望理論的基礎在於:每個人都是不同的個體,因此應該為每個人設計適合他們的獎勵方式。所以,績效好的人應該比績效不好的人得到更多他們想要的獎勵(Nadler and Lawler, 1979)。也就是說,除了為每個人設計不同的獎賞外,制度對每個參與者來說應該都是公平的。

在追求製造功能的持續性改善時,由於重點在於製造以及生產的部分,表面上會有許多「間接」的協助以達成目標。因此很重要的是,應確

保所有功能部門的經理人與員工都有同樣的努力、工具和技術。

對於組織的涵義

組織在思考持續性改善計畫時，應該將哪些內容納入？那德勒與勞勒（Nadler and Lawler, 1979）提出下列建議：

1. 設計薪資與獎勵制度，使其特色為：
   （a）達成績效就給予獎勵（而不是以以年資論賞）。
   （b）獎勵的條件分明。獎賞乃是源自於良好的績效，因此不管是加薪、升官、學習新技能、教育及訓練、彈性工作還是任何其他可以參與改善的活動等，獎勵內容都應該十分明確。
2. 設計能讓員工透過工作以滿足需求的工作、任務和職責，但也不可忘記每個人都有著不同的需求；有些人希望工作內容豐富、自主和回饋，有些人卻不是。
3. 組織「個人化」。期望理論認為每個人都具有不同的價值觀以及需求，所以應該讓每個人都有一些機會去影響其工作型態，甚至是組織生活中許多的面向，例如獎勵制度、意見表達形式或企業的福利。

TQM能改變員工對組織內部和外部等關係的行為與態度，還有企業進行其商業活動的方式，只要改善的情況可以持續，就能夠達成組織重建以及變革的目標。改變組織文化需要長期的努力，無法一蹴可幾。須注意的是，在企業文化進行必要改變的同時，還能維持企業每日的運作並非易事。

改變人員的行為與態度是管理學的一門大學問。經理人經常以「抗拒改變」來形容推廣改善程序所遇到的處境；許多主管將改善所遇到的阻礙

全部歸咎於員工不願配合，以及無法改變員工的行為、態度。事實上，以員工作為擋箭牌的主管，才是不願長期致力於持續改善的主要原因，同時也是那些無法以身作則的人。他們經常忘記眼見為憑這個簡單的道理，TQM的成效是漸進式的，經理人只要接受該理念並做好相關的準備，就可以成為一個成功的TQM推廣者。

　　現在，許多經理人都立志發展組織的「全面品質管理文化」，然而值得注意的是，此處的全面品質管理文化的範圍是指全組織。為了完全地改變企業文化，經理人和組織本身除了必須了解個人激勵與學習的各項假說之外，還要了解如何應付個人對於變革的抗拒。

組織變革

　　想要在組織內推廣TQM，首先必須了解組織革改的程序；通常是指全組織的改變，也就是一般人所說的組織發展（Organizational Development, OD）。貝克哈德（Richard Beckhard, 1969）認為，組織發展有下列五項特性：

- 有計畫的。
- 擴及全組織。
- 由高層發起的。
- 目的在於增進組織效能。
- 所造成的結果並不只是結構性的改變，還有組織程序和態度的改變。

　　上述特性可以在品質管理發展中觀察到，這五項特性彼此間互有關

聯。資深經理人要了解組織變革，必須清楚地知道變革的程序、變革的對策，以及對付抗拒變革的策略。

變革程序

突破障礙

無論運用何種變革策略，都必須投入心力、時間和資源，因為抗拒的問題需要克服。組織希望透過合理化的形式，讓員工的行為經由官僚式的組織結構而更易於預測與有效率，然而組織本身是會抗拒改變的。拉色斯和戴爾（Lascelles and Dale, 1989）認為，組織能順利地推行TQM，有六項主要的條件或驅動力：

- 最高層主管。
- 客戶要求。
- 競爭力。
- 必須減少成本。
- 企業處於必須重新出發的處境。
- 新的事業領域。

整理這六項要件可以發現，客戶要求是促成組織改變的重要外在因素，至於最高層主管則是內在要素。

拉溫（Kurt Lewin, 1951）指出，無論是個人、團體或是組織的改變，都有解凍、改變和再凍結的三部曲。

解凍（Unfreezing）。在進行改變之前，要先瓦解先前所建置的方法以

及行為模式。多數人對舊制度都察而不覺，直到他們的焦點放在目前沒有效率的問題迫切需要改變；此時，他們才會樂意接受必須改變的事實。組織在執行變革計畫的初期，所設計的活動都是為了要化解舊體制。

改變（Change）。現有的行為和態度一經解凍，就可以透過各種方式來進行改變的程序，例如規劃策略性活動、設定目標、訓練和輔導、建立團隊（包括開發跨功能小組）、科技─結構的改變、正式的教育和訓練計畫等等。

再凍結（Refreezing）。組織或個人的行為穩定之後，作業的效率自然慢慢提升，凍結也應勢而生。有時，必須刻意設計一些活動，讓作業人員能看到改變的效率，這也會使得改變的程序會因此更加順暢。

陷於貿易困境的歐洲組織遇到一個難題：如何在一個正縮小規模，以及階層扁平化的組織中推廣及維持TQM？有一個說法是，害怕改變會產生一種有敵意的氣氛，使變革不易推動，因為TQM運作需要高度的信賴關係。從另一個角度來看，許多人相信，當企業發生危機時反而會有利於突破內部的屏障，並讓每一位員工產生組織需要改變的共識（Pettigrew, 1985）。全錄公司在1980年初期投入TQM於領導品質的研究就是最佳範例。不過，由危機所引發的反應只是順從（或暫時合作），而非出自於決心（Hill和Wilkinson, 1995, 00. 21-2）。員工在組織爆發危機時，才會願意接受組織以偏激的行動來解決問題；但當危機一經解除，他們就會抗拒這樣的管理方式。

由上而下的變革

變革不會憑空而生。梅京等人（Makin et al., 1989）認為，變革的背後有一股力量，這股力量有足夠的權力影響其他人對變革方向的看法。在組織的變革計劃中，這力量隱藏於某個管理層級。事實上，有些人認為，只

要變革是由握有充分權力的高級管理階層所發起，組織變革的計劃就有可能成功。

在TQM中，這樣的想法千真萬確。但也有少部分例外，例如品管圈推廣、統計製程管制和失效模式與影響分析等工具和技術的運用，都是由基層發起並逐漸發展成理論學說的案例。只是由基層推動的TQM雖然容易開始且風險較低，但卻難以長久維持。因為只有高層主管才有權力決定開始、標準化及改變制度。部分組織利用由上而下的推廣方式，已經成功地改變管理風格及行為。

有些組織則是雙管齊下，由上而下和由下而上並行。這個方法也讓中階主管能以最快的速度融入TQM的程序。

改變策略

當「開放」、「信任」、「真相」和「細心」還為變革代理人所擁護時，各界就有共識，認為這幾項因素並不是大多數組織運作的原則。改變策略必須被外部環境所接受。秦和班尼（Chin and Benne, 1976）為其所指稱的「人類系統下有效率變革的一般性策略」下了定義。他們認為這個定義為組織內及社會中的改變策略提供架構，這種一般性策略有三種型態：

實證理性策略。本策略的基本假設是每個人都是理性的；因此，只要運用數據及理性予以勸服並激發個人對改變的興趣，改變就會變得更有效。該策略的前提是相信傳統教育和知識會帶來好處，另外，客戶向組織表達對TQM的要求，再加上參與客戶與供應商的改善團隊等，都能有助於改變的進行。

規範與再教育策略。本策略也肯定了人性的理性層面，但更相信個人

所屬的團體或社會中的文化和人際規範,才是決定行為改變的重要因素,因為個人有強烈的意願去服從並維護此等模式。因此,要成功地實行改變,就得從改變這些模式下手;例如混合式教育、訓練、說服以及利用同儕壓力等等都是可採行的方法。

　　集權施壓策略。這項策略包含動用資源或職位權力,甚至使用暴力來迫使個體改變。通常政府決定採用此一策略時,最常運用的就是暴力;不過在組織中,資源或職位權力的運用是最有力的手段。

　　秦和班尼(Chin and Benne, 1976)根據加迪(Ghandi)的研究指出,消極抗拒是典型集權施壓的結果。

　　安全帶事件　一開始,政府花了許多時間和金錢在實證理性策略上,包括透過「這樣子做最合理」的廣告活動以傳遞改變的訊息,但成效卻不彰。所以,政府決定開始改採集權施壓策略。例如,開車不繫安全帶是違法行為,必須處以罰款。這項政策一施行,幾乎九成的人在一夜之間就改變了不繫安全帶的習慣,不過持續繫安全帶的行為卻是受到規範與再教育策略的影響。漸漸地,開車上路繫安全帶成為規範,儘管罰鍰的壓力仍然存在,但是即使取消罰鍰,許多人還是會願意繼續這項新的行為模式。以Kurt Lewin的理論作進一步解釋,在瓦解舊習性和推動改變的流程時,必須先採用集權施壓策略,隨後的規範與再教育策略則能使新的行為定形。

持續性改善的範例

　　在持續性改善的程序中,我們經常可以見到上述三種策略的應用。多數的公司在改善產品和服務品質時,因為沒有壓力,態度又不明確、積極,很難推動改善的進行,因此最後大多由集權施壓策略來接手。

　　拉色斯和戴爾(Lascelles and Dale, 1989)則強調,客戶需求才是促成改變最主要的外在動力。例如,客戶在契約中要求供應商應該運用統計製

程管制（SPC），並且以數據證明。

又如，組織的品質制度必須符合ISO 9000系列的品質認證標準，才能讓組織在商場上更有籌碼地爭取到特定的客戶。

克萊斯勒、福特和通用汽車等三家公司都已經依ISO 9001（1994）的系統，為其內部、外在和全球供應商設計出QS 9000的品質系統要求。QS 9000除了納入ISO 9001標準中的20項要件外，還包括產業特定的要求以及客戶特定的要求等等。

克萊斯勒下游所有的製造和服務供應商，必須在1997年7月31日之前，獲得第三地的QS 9000認證；通用汽車供應商的期限則是在1997年12月31日之前。至於福特汽車除了要求供應商必須符合QS 9000標準，還得取得另一項行之有年的優先供應商獎制度Q1資格。在1995年7月間，福特甚至要求其供應商必須開始「實行新的QS 9000」，不過並沒有像克萊斯勒和通用汽車一樣，為供應商訂出一個明確的截止日期。

摩托羅拉要求所有合格供應商必須簽字保證將盡力爭取MBNQA，否則就沒有資格成為摩托羅拉的供應商。不過摩托羅拉強迫供應商參賽得獎的行為頗受爭議。（詳見Quality Progress, 1989年11月）。

Aeroquip公司的總裁命令公司所有的廠房必須在1996年取得AQ+獎。AQ+是依據MBNQA所制定的一項內部品質獎；該獎的條件是，8個受檢項目中的合格率至少要達六成，總分1000點的及格點數為700點。各工廠挑出八位接受評鑑訓練後組成評分小組，公司的品質績效副總裁也是每一次正式評鑑活動的必要成員。每一個工廠每兩年必須重新接受AQ+檢定，而且是由已獲肯定的AQ+品質水準繼續往上評鑑。

目前，許多市場和客戶—供應商基本上都採用類似ISO 9000或AQ+的標準，這是所謂的規範與再教育策略。通常，許多公司在符合基礎的品質標準後，會希望更進一步爭取廣受認可的品質獎項，如日本的戴明應用獎、MBNQA和歐洲品質獎，為了得到這些大獎的肯定，許多組織基於私

利與實證理性策略，都會願意實行持續性改善活動。

個人適應

到目前為止，所有策略的出發點都在於改變他人，然而個人如何改變也值得重視。克爾曼（Kelman, 1985）提出的社會影響模式可以運用於觀察個人改變，他認為改變的方法有三種：

服從。個體改變只是因為無法抗拒壓力，是典型的屈服暴力、資源或職位權力下的反應。如果一邊施壓，一邊給予個體獎賞，個體就會將改變內化，或至少改變能夠持久。但是由於反應是被動的，因此這並非促成改變的好方法。因為一旦壓力解除，原有的行為或態度可能會再度出現；甚至個體會將所有的精力都用在如何避免改變。

認同。是一種常見的個人對於權力的反應。受到影響而改變的人可能是因為他們受到權力運用者的吸引及激勵，想要模倣權力的來源者。認同所造成的改變生命期不僅較長，而且也會產生內化作用。不過，當吸引力消失，改變的生命期就會結束。有群眾魅力的經理人在投入TQM的同時，就知道不能忽視對群眾的影響力。企業總裁在進行公司變革時，也常會遇到維持改變動力的問題。（見Bunney和Dale, 1996）

內化。是一種最有效的改變形式，因為個體接納改變而成為自我意象的一部分。內化的程序雖然較為費時，但改變持久的時間比服從和認同更長。外在要求改變的壓力愈大，改變的程序甚至得更放慢腳步以求其穩健。組織必須讓個體依其步調融入改變，而個體一旦決定融入，其改變也將維持很久。

非計畫中的結果

在改變的程序中，持續評量行為與分析其中所產生的非計畫中的結果是非常重要的。許多為了要進行改變而採取的行為，最後都出現了前所未有的問題。例如，為了讓改變進行得更順利而設的機制，逐漸演變成繁文褥節，反而讓改變的程序綁手綁腳。又例如，資深經理人為了讓中階主管能夠認真地執行品質管理，因此要求他們將團隊績效評量加以具體化，或使用圖表來表達；最後中階主管可能會傾全力於製作圖表，製作出非常精美的報表，然而相形之下，品質管理和改善的結果反而不是他們努力的目標。經理人為了激發員工行動激勵所設的獎勵制度，如論功行賞（Payment by Results, PBR），在設定計畫指標時必定要十分小心，以免員工反因為果。假如資深經理人將重心放在指標，員工可能會一開始就傾力改善指標而不是改善績效。

抗拒變革

最後，我們要探討抗拒變革，特別是造成抗拒變革的兩項迷思。首先，所有的人都不喜歡變革，並且會設法逃避變革。

包括TQM等改變計畫都會引發抗拒，無疑地抗拒變革是全人類一致的反應。不過也有些例外。如歐洲組織在產品和服務改善上的快速變化，開發中國家的人民在過去數十年中，接受科技創新和生活方式的極速變

革，他們不僅接受變化，而且期待變化。羅傑與舒馬克（Roger and Shoemaker, 1971）提出五種接納變革的類型：創新者（Innovators）、早期採納者（Early Adopters）、早期多數（Majority, Early）、晚期多數（Majority, Late）和遲緩者（Laggards）。

- 創新者不只很快地就能夠接受新思維，而且還會隨之改變；由於有些新思維可能錯誤或很難落實，因此創新者本身也是冒險家。
- 早期採納者雖緊跟於創新者之後，但受到社會規範的限制；與不服從社會規範的創新者比起來，早期採納者是社會規範的服從者。
- 當社會的風氣接納改變之後，早期多數是最早跟進的人。
- 保守的晚期多數人要等改變的成效出現後才會接納改變。
- 最後，遲緩者以半信半疑的心態，逐漸接受改變。

羅傑與舒馬克（Roger and Shoemaker, 1971）表示，多數的人既非創新者，也不是遲緩者，而是早期和晚期多數，他們乃是依據變革的本質而改變。

另一項迷思是：抗拒改變一定不是好事。有時，抗拒是健康的，因為人們和組織都需要一段穩定期以進行定形和吸收改變。然而抗拒也傳達著某一項特別的改變並不符合期待的訊息；此時，應該進一步探究抗拒的原由，因為探究也可能導致改善。

抗拒的理由

抗拒其來有自，有時是因為人們相信變革將對他們或組織不利。從某個角度來看，這樣的懷疑不無道理：當人們的工作權受到威脅，或他們擔憂無法應付新的觀念、程序、制度、技能和實務時，就會發生抗拒變革的狀況。以工廠內部的工作人員為例，他們就會擔心「統計製程管制」的運

用會曝露他們缺乏數理知識和文字能力的缺點，以及在他們每天例行性的生產工作中，不會有時間去測量程序的相關參數或產品特徵，並在計算後以圖表來呈現。員工有時會覺得，變革只是經理人用來樹立個人管理風格的工具，新的經理人會有新作風，因此變革根本不會持久。人們害怕變革多數是因為變革計畫所設計和實行的程序不夠透明化，幸好TQM在組織內推廣時大多沒有這個問題。在某些案例中，改善計畫會因為人們對活動成功存疑而無法付諸實現。這種情形相當常見，因為經理人一方面不能確定最初設計的計畫能否奏效，一方面卻又擔心員工提早知道政策而另有對策。

　　變革需要付出代價，例如需要學習做事的新方法。有些人害怕對事情一無所知，特別是那些高度依賴和缺乏安全感的人。例如在某一個特別的程序中推廣「統計製程管制」時，操作人員和第一線的領班普遍會有「為什麼是我們而不是他們」或「為什麼是他們而不是我們」等等諸多疑問。

　　社會制度中也許還隱藏著其他的抗拒來源。組織內部的團體規範因為是員工互動與工作的守則，因此必須非常有權威，但變革卻可能會改變此等規範。當變革計畫只為組織某特定部門制定時，組織內部會產生不平衡的問題，抗拒可能是尋求平衡點的方法之一。而另一種抗拒來自於社會本身，特別是變革已經威脅到既得利益者，或冒犯到權威者。當變革計畫是由組織以外的顧問所擬時，組織內部可能會不以為然，「他們有什麼好教我們的？」、「光說不練」、「他們對於這個產業根本就不懂」、「外國的和尚會唸經」等不平之語到處充斥。正因為許多組織在一開始進行品質改善程序時，都會聘用外來的管理顧問，因此必須正視這些問題。

克服抗拒變革

　　根據諸多證據顯示，降低抗拒變革最有效的方法，就是將那些變革的

目標納入決策程序中。抗拒變革的個體在參與變革的診斷、計劃、設計和實務後,會比較肯定變革,並在隨後投入心力,以加速變革的執行。經理人在主持一項變革程序時,需要謹記在心的是堅持己見乃是人類的特性;有了這點認知,他們在排除抗拒變革障礙時會較順利。

　　最理想的狀態是:變革的資訊隨處可得,決策有共識的基礎。資訊不公開(如有些訊息屬商業機密),會造成狀況百出。因此梅京(Makin,1989)不斷強調,在改變的來源和想要進行改變的人員之間,必須建立良好的溝通以及互動管道。建立管道也許一時之間必須付出代價,如再訓練的需求,但經理人應著眼於其所帶來的長久利益;如改善薪資制度、改善工作保障、更好的工作狀況、避免經營權被接管、贏取備受尊崇的品質獎項或客戶合作契約等等。若員工感受到有人願意傾聽他們的恐懼,認同他們的問題並以感同身受的方式為他們解決難題,則在這種信賴的組織氣氛中變革的推廣將會更容易。

文化變革

　　文化變革是一個新的現象,近年來在管理學領域中相當流行。長久以來,一提到管理人們就會聯想到計劃、組織和控制等行政功能。不過在1980年代,美國許多著作卻指出,在企業競爭優勢的爭奪戰中,文化才是管理的致勝武器。奧奇(Ouchi, 1981)、帕斯卡與安多司(Pascale and Athos, 1981)、迪爾與甘乃迪(Deal and Kennedy, 1982)以及彼得斯與華特曼(Peters and Waterman, 1982)一直在討論強勢文化能夠導致良好的企業績效,以及資深經理人的責任就是經營企業文化。文化的概念如潮水般湧進管理思維,並且開始萌芽,如客戶照料、「企業程序再造(Business

Process Reengineering, BPR)」、建立團隊和組織變革，甚至是進行TQM都是為了改變企業文化或思考方式。

　　經理人希望能利用不同的工具與技能來操縱企業文化。純文化主義者所指的文化是：共同的信念、意義和價值觀所建構的社會體系。它結合了組織成員的社會價值觀，乃是象徵與意義的產物（Bright and Cooper, 1993, p. 22）。反之，文化的實踐主義者所界定的文化是：組織在追求目標時所操控的變數。（Bright and Cooper, 1993, p 23）

　　文化起源於對19世紀原始社會形態所進行的研究，這個名詞現在在管理學的運用已經非常自由，連組織中最小的社會團體都可適用。

　　企業文化是個既模糊又難以定義的概念。施能（Scnein, 1985, p.9）的定義包含文化最重要的特性：

> 當某一團體學會處理外部適應和內部整合等問題後，會創造、發覺或發展一些基本假設，這些假設因為運作成效良好，因此會被運用於教導新成員認知、思考和感覺這些問題的正確方式。

　　企業文化不像我們研究組織行為時那麼容易觀察，因為它隱藏於組織內部各個不同的階層，而且在不同的階層中也會有不同的特性（Huse and Cummings, 1985; Kotter and Heskett, 1992; Schein, 1985）。企業文化的前提與價值觀，也就是施能（Scnein, 1985）所謂的「文化本質」（Essence of Culture）隱身於底層，由於這些前提與價值觀難以撼動，因此試圖改變文化本質的資深經理人必須付出長期努力的代價。反之，在參觀組織時可以立即察覺到的文化，就是寇特與海司吉特（Kotter and Heskett, 1992）所謂的「團體行為規範」（Group Behavior Norms），以及施能（1985）和休斯與康明斯（Huse and Cummings, 1985）所說的「人造文化」（Cultural Artifact）。這些都是典型的文化表徵，而且容易改變（如辦公室陳設、制服樣式、建築特色等等）。

　　近年來，許多組織天天面臨環境的改變，並隨著改變而起舞，因此管理領域相關文獻討論文化變革運作的篇幅相當多。然而，休斯與康明斯（Huse and Cummings, 1985）認為，組織在著手改變文化之前，最好先停下來想一想，有沒有其他的解決方案。同時，寇特與海司吉特（Kotter and Heskett, 1992）也表示，改變文化將遇到的難題超乎想像。變革不僅會打亂組織原本的運作情況和作業程序，也會造成員工與組織間的隔閡。

　　部分文化變革雖然執行起來不難（如減少預留停車位），但所達成的成效卻有限；而有些做起來不簡單（如經理人由監督的角色轉型為教練），但成效卻可以持久。

　　領導者在企業文化和變革中扮演著整合者的角色（見 Kotter and Heskett, 1992; Peters and Waterman, 1982; Schein, 1985）。領導者除了主導組織的其他改變程序（Huse and Cumming, 1985）外，也扮演領導組織通過文化變革的重要角色。誠如寇特與海司吉特（Kotter and Heskett, 1992, P. 92）所言，組織最高層級的領導者是重要文化變革得以發生的決定性因素。因為文化變革需要權力，在組織中也只有最高層的主管才擁有此等權力（見 Brubakk and Wilkinson, 1996）。

　　摩根（Morgan, 1986, pp. 126-7）認為：

> 文化不是由社會所建置，而是在社會互動下的產物。企業文化並非一成不變，而是由組織內部許多不同和相互較勁的價值體系拼湊而成。

　　中階主管和基層主管（如領班）的職責和影響力雖然很少有文獻提及，但根據寇特與海司吉特（Kotter and Heskett, 1992, p. 93）的研究，中階主管在重要的文化變革中扮演相當重要的角色：雖然他們不是改變的肇始者，但畢竟企業文化是在他們採取行動之後才會產生改變的。

組織文化

TQM如果像歐克蘭（Oakland, 1989）所言，是「管理業組織以確保在每一個階段，從裡到外都能滿足客戶的方法」的話，那麼TQM就是較偏重客戶反應的企業文化變革。TQM的中心理念就是要達成企業文化的變革。戴明（Deming, 1982）雖然沒有提到TQM這個名詞，但是他的14點重要原則中卻鼓勵經理人勇於改變組織運作的方式（如文化變革）。

文化變革問題重重。大型企業的組織層級嚴謹，高級主管受到孤立；中階主管被定位為行政主管，以及作業與基層主管不具有決策權等問題，TQM看似問題的答案，其實卻不然。企業的組織文化和做事的方法對TQM而言太過根深柢固，難以撼動。的確，組織現行的處事方法是TQM成功跨出第一步的最大障礙，因為多數的組織都是在現有的架構和文化下推廣品質管理。如巴拉克（Burack, 1991）所言，「已經建置的組織文化伴隨著穩定的關係和行為模式，很難予以修正」。因此，與其將TQM視為組織變革的程序，還不如認定組織必須進行改變以適應TQM（Wilkinson and Witcher, 1993）。

文化變革的機制

施能（Schein, 1985）認為，文化變革有五種主要的機制：

- 領導者對什麼最留心。
- 領導者對於危機和重大事故有何反應。
- 領導者的楷模角色與教導。
- 分配獎賞和決定階級地位的準則。
- 遴選、晉升和解雇的準則。

施能（Schein, 1985）認爲文化細緻化與強化的第二層機制爲：

- 組織結構。
- 制度和程序。
- 空間、建築和外觀。
- 重要事件和人物的傳奇故事。
- 哲學觀和政策的正式陳述。

施能（Schein, 1985）的論述中有一個核心概念：組織投入過多的心力在於改變使命宣言和組織結構。眞正重要的應該是領導者的職責以及全面使用組織的「獎懲制度」，如敘薪、讚賞和升遷。在TQM的制度中，要獎勵執行持續改善原則的主管和員工。

摘要

本章中介紹了許多不同的激勵理論，以及這些理論對經理人和組織的涵義。在TQM的領域中檢視這些理論，經理人可以發覺在推廣和發展概念時會遇到那些的難題。儘管許多熱門的管理學文獻論述文化變革和全面品質概念之間的關係，但這些文獻對於管理組織文化的實際議題卻甚少描

述。長期來看，推廣品質制度和品質文化以促使全公司改善程序是必要的。

參考書目

Beckhard, R. 1969: *Organizational Development; strategies and models*. Reading, Mass.: Addison-Wesley.

Beer, M., Esienstat, R. and Spector, B, 1990: *The Critical Path*. Boston Harvard Business School.

Bright, K. and Cooper, C. 1993: Organisational culture and the management of quality. *Journal of Managerial Psychology*, 8(6), 21–27.

Brubakk, B. and Wilkinson, A. 1996: Agents of change? Bank branch management and the management of corporate culture change. *International Journal of Service Industries Management*, 17(2), 22–44.

Bunney, H. S. and Dale, B. G. 1996: The effects of organisational change on sustaining a process of continuous improvement. *Quality Engineer*, 8(4), 649–57.

Burack, E. H. 1991: Changing the company culture. *Long Range Planning*, 24(1), 88–95.

Chin, R. and Benne, K. 1976: General strategies for affecting changes in human systems in W. Bennis, K. Benne, R. Chin and K. Carey, (eds), *The Planning of Change*, 3rd edn. New York: Rinehart and Winston.

Deal, T. and Kennedy, A, 1982: *Corporate Cultures*. Reading, Mass.: Addison-Wesley.

Deming, W. E. 1982: Quality, productivity and competitive position, Massachusetts Institute of Technology, Centre of Advanced Engineering Study, Cambridge, Mass.

Hackman, J. R. and Oldman, G. R. 1975: Development of the job diagnostic survey. *Journal of Applied Psychology*, 6, 159–70.

—— 1976: Motivation through the design of work: test of a theory. In *Organizational Behaviour and Human Performance*. Florida, Academic Press.

Hackman, J. R., Lawler, E. E. and Porter, L. W. 1977: *Perspectives on*

Behaviour in Organisations. New York: McGraw-Hill.

Hill, S. and Wilkinson, A. 1995: In search of TQM. *Employee Relations,* 17(3), 8–25.

Huse, E. and Cummings, T. 1989: *Organisation Development and Change.* St Paul, Minn.: West Publishing.

Kelman, H. 1985: Compliance, internalization and identification: three processes of attitude change. *Journal of Conflict Resolution,* 2, 51–60.

Kotter, J. and Heskett, J. 1992: *Corporate Culture and Performance,* New York: Free Press.

Lascelles, D. M. and Dale, B. G. 1989: What improvement: what is the motivation? *Proceedings of the Institute of Mechanical Engineers,* 203(B1), 43–50.

Lawler, E. 1973: *Motivation in Work Organisations.* Belmont, Calif.: Brooks/Cole.

Lewin, K. 1951: *Field Theory in Social Science.* New York: Harper and Row.

Makin, P., Cooper, C. and Cox, C. 1989: *Managing People at Work.* London: Routledge.

Morgan, G. 1986: *Images of Organizations.* London: Sage.

Nadler, D. and Lawler, E. 1979: Motivation: a diagnostic approach. In R. Steers and L. Porter (eds), *Motivation and Work Behaviour.* New York: McGraw-Hill.

Oakland, J. 1989: *Total Quality Management.* London: Heinemann.

Ouchi, W. 1981: *Theory Z.* Reading, Mass.: Addison-Wesley.

Pascale. R. and Athos A. 1981: *The Art of Japanese Management.* New York: Simon & Schuster.

Peters, T. and Waterman, R. 1982: *In Search of Excellence,* New York: Harper-Row.

Pettigrew, A. 1985: *The Awakening Giant.* Oxford: Blackwell.

Rogers, E. and Shoemaker, F. 1971: *Communication and Innovation.* New York: Free Press.

Schein, R. 1985: *Organisation Culture and Leadership.* New York: Jossey-Bass.

Steers, R. and Porter, L. (eds) 1979: *Motivation and Work Behaviour .* New York: McGraw-Hill.

Thurley, K. and Wirdenius, H. 1989: *Towards European Management.* London: Pitman.

Wilkinson, A. and Witcher, B. 1993: Holistic TQM must take account of political processes. *Total Quality Management,* 4(I), 47–56.

第八章

工作參與

概論

員工發展和員工參與品質改善工作是TQM重要的特色，同時也是駁斥泰勒主義（Taylorism）的主要理由。有些TQM的專家致力於員工參與（EI, Employee Involvement）和決策參與的研究（見Deming, 1982；Feigenbaum，1991；石川（Ishikawa），1985等人的研究），而員工參與的重要性也可以在目前的教科書中清楚地瞭解。歐克藍（Oakland, 1989）曾提到全員參與（Total Involvement）的概念：

> 組織中從上到下，從辦公室到生產線，從總公司到服務處，每一個人都應有機會共同參與。人是概念與創新的來源，必須綜合每個人的專業、經驗、知識和團隊合作來迸出創意。

將員工參與視為影響品質的重要因素，有以下幾個假定：第一，每個員工都有特別的知識和經驗，能有助於改善組織內工作的效率；第二，在以泰勒主義為基礎的傳統管理方法下，員工很少有參與的機會；第三，如果員工有參與的機會，那麼就比較願意致力於改善「品質」（Hill, 1992）。

因此，不管從教育訓練、直接參與或實際工作的角度來看，員工參與都是TQM思想的基礎。TQM的哲學強調每個人必須掌握適當的工具與資源來改善流程，同時應採用由下向上的方式來制訂決策、確認問題和解決問題，與傳統由上往下的管理方式不同。此外，如果問題的處理需要從其他部門蒐集資料或需要其他部門有所改革，就要同時以垂直與水平為構面來解決問題。如此，TQM就能把過去專屬於主管的功能或職權授與一般員工。然而這種授權仍有其限度，就如裘蘭（Juran, 1974）所說的，雖然員

工能夠以本身的知識與能力達成更高的品質要求，管理當局也能落實促進員工努力的條件，但是員工通常以本身的成見來評斷品質改善工作，因而可能形成自我設限的情況。在不同的組織中有不同的管理方式（如綜合職權與職責的半自主式管理），都可能產生各行其是的情況（Hill and Wilkinson, 1995）。

　　因此管理工作必須留意如何「授權」員工，否則除非管理制度（由經理人控制）改變，工作參與對員工或組織本身都無法帶來太多的好處。戴明（Deming, 1986, p. 78）曾譏諷「許多主管推行所謂的員工參與都只是煙幕彈」，因為他們根本不願意接受員工的建議或針對建議採取行動。他指出，除非去除「根本」的心理障礙，否則情況改變的可能性不大（Hill and Wilkinson, 1995）。

　　主管心中最典型的授權型態正如一位美國企業總裁所說的，「過去主管說：『在我們這裡就是這樣做事的，如果不喜歡就另謀高就吧！』，現在則是：『你們是實際操作機器的人，你們覺得該怎麼做？』」（錄自 Evans and Lindsay, 1995, p. 403）但是在多數的情況下，員工只能建議怎麼做卻不能決定如何做。

　　此外，當 TQM 的討論涉及到參與時，便會強調體制與程序上的管理與掌控。理論上，TQM 把品質責任的重點轉移到實際作業的人員身上，並使參與性的工作方式（如團隊）能夠發揮作用。在某些負責品質改善的團隊中，強調把人員與功能加以混和，以產生共鳴、並掃除推行計畫和服務客戶時遇到的障礙（Wilkinson and Witcher, 1991）。在一家擁有大約 150 名員工的波浪板工廠中，高層主管正試圖推行一項計畫，要求每位員工都必須去拜訪一位客戶。拜訪客戶的小組必須由各部門指派的代表組成，以強調工廠內部能夠溝通協調並打破部門間的隔閡。

　　就理論而言，TQM 可以代表組織從傳統集權式由上向下的決策模式，轉變成以員工工作意願、扁平化組織和參與性的公司文化為前提的任

務導向觀念。然而，如果要使轉變順利進行，必須有相當程度的員工參與
來配合，以及企業文化與管理風格的重大調整，特別是大部分的英國企業
尤應重視此一轉變（Wilkinson and Witcher, 1991）。

員工參與的導入與維護

根據曼徹斯頓大學科學與科技研究所（University of Manchester
Institute of Science and Technology, UMIST）的研究結果，影響管理階層導
入員工參與制度的成效有下列因素：

1. 資訊與教育。建立與員工之間直接溝通的管道，並使他們瞭解組織
   的定位、認識客戶的重要性，以及公司的政策和重視的價值觀。
2. 決心。鼓勵員工認識組織並自由發揮個人的技能。
3. 確保能延伸員工的貢獻。從解決問題的方法與技術中（例如品管圈）
   中，獲取員工的知識與想法，並尋找品質改善的機會。
4. 人才的招募與留住。員工參與是留住人才的好方法，舉例來說，其
   中的分紅制度可以吸引人才延長服務年限（例如至少服務兩年），
   但是其他的計畫也都可以使公司的聲譽，無論在商場或人力市場中
   得到提升。
5. 衝突處理與穩定性。這個部分通常不是直接的目標，跟員工經常可
   以獲知上層的政策與決定有關。這包括設置諮詢委員會，部份功能
   做為「安全閥」。
6. 外部的驅力。這些驅力包括法律的規定；但是在1980年代，法律對
   於員工參與的規定多半針對公司財務的參與（如認股或分紅），而

且屬於促進性質，並無強制性的辦法。其中還包括鼓勵公司向外界的績優公司或顧問取經，以建立「最佳的經營實務」。

　　透過許多團體的工作方式，有助於促進組織內部的員工參與，這些工作方式包括品管圈（Quality Circle）、生產改善小組（Yield Improvement Teams）、品質改善小組（Quality Improvement Teams）、問題排除小組（Problem Elimination Teams）、流程改善小組（Process Improvement Groups）、矯正行動小組（Corrective Action Teams）、改善小組（Kaizen Team）和不同部門（如設計、品保、成本、標準化、運送、補給等部門）間的跨部門小組；另外還有一些是上述小組的混合體，如品管圈與品質改善小組的綜合性小組。有些小組的成員來自同一部門，小組工作的重點便較為單純；也有些是由各部門成員組成的小組，工作目標較為廣泛，重點在於解決某些根深柢固的棘手問題。

　　各種團隊的合作方式不僅是解決問題的有效方案，如能配合良好的內部溝通與員工參與，其重要性通常會不亞於實際的成就。建立工作團隊是發展TQM的重要工作，與歐洲企業比起來，日本人似乎較習慣於利用團隊合作做為他們持續改善工作的一部份。這可能是因為西方企業長久以來的分裂特質，經常區分「他們與我們」、「主管與工會」所致。在歐洲的企業組織中經常見到主管要求組成各類團隊活動，把一群人無緣無故地湊在一起，沒有任何指導、訓練與方向，然後希望這些團隊能完成品質改善的使命。他們完全忽略TQM的宗旨是要求員工以一種更加專注的方式來參與工作的改善。

員工參與的方法

有許多不同的方法都能用以協助建立參與性的工作場所，並創造適當的環境藉以向員工傳達「參與」在TQM中的重要性。

工作豐富化、工作擴大化與工作輪調

工作豐富化 源自賀斯柏格（Herzberg）的激勵理論（Theory of Motivation），他強調工作「誘因」的重要性，其中包含了認知、成就與責任。這項理論由哈克曼與奧德漢（Hackman and Oldham, 1976）加以延伸而提出「工作特性模型」（Job Characteristics Model），他們認為如果要鼓舞員工並使他們積極地參與工作，就必須使工作多元化、凸顯工作意義、鼓勵工作自主性和建立回饋的機制。因此工作豐富化的意涵就是發展工作內容，使員工的工作有變化、能領會工作的意義性、有充分的自主空間、定期了解員工的進度並傾聽他們的聲音。

工作擴大化 工作擴大化包含工作豐富化的幾項特點，但更強調任務的多元性，也就是增加員工日常工作活動的種類及數量，因為工作特性模型未必能完全豐富化工作內容。日本人提倡的「全面生產保養」（Total Productive Maintenance; TPM）就是工作擴大化的最佳典範。在自主性的工作小組中，操作人員能夠負責基本的清潔、消除陰暗污穢的角落、簡單初步的保養、設定、自我檢查等工作。這種方式使員工真正成為工廠的擁有者。在本書的第九章，我們將會將繼續討論有關TPM的話題。

工作輪調 另外一種變化工作的方法就是工作論調，將員工在不同的

工作職位上輪調，以便歷練整個工作流程中的每項工作。這種作法可能會使員工成為「通才」，卻無任何專精的項目。為了改善這個現象，在工作輪調時要有完善的教育訓練制度，還要加上清楚明確的工作程序與工作指導。

企業組織要採用哪種方式才能發展出有效果的品質改善團隊呢？這個問題與以下幾個因素有關：

- 團隊的形式；
- 團隊的組成；
- 團隊的目標；
- 團隊已經運作了多久；
- 團隊成員所受訓練的形式與程度；
- 客觀形勢；
- 要達成的目標；
- 有無諮詢顧問；
- 諮詢顧問的專業與偏好；
- 對變革的看法；
- 現存之企業文化。

成功運用這些方案的例子很多（Wall and Martin, 1987），例如在德州儀器（Taxes Instrument）的達拉斯（Dallas）工廠中，維修人員組成一個十九人的整頓小組，成員分別負責規劃、困難排除、目標設定和排程。後來發現因為這項措施，使該廠員工流動率由100％降至10％，同時省下可觀的費用。

雖然工作輪調、工作擴大化及工作豐富化能夠帶來好處，但真正能夠使企業組織長久成功的還是企業內部工作環境由上到下的完全改造。這個概念在1970年代引起廣泛的討論，稱為「自主性工作團隊」（Autonomous

Work Groups）。自主性工作團隊會出現在製造與行政管理部門進行工作重組的過程中。這種團隊在七〇年代受到熱烈的討論，但似乎未能廣泛採用。

自主性工作團隊

如同華爾與馬汀（Wall and Martin, 1987）所描述的，「自主性工作團隊的一項主要特徵是讓員工自我管理日常的工作，並且擁有高度的自主權。一般來說，這項作法包含工作流程的整體管制、團隊內的工作分配、休息（假）的時間點與安排、以及人員招募與訓練的參與。」這與工作輪調、工作擴大化及工作豐富化不同的地方在於，工作團隊本身可以決定生產、運銷和團隊工作規範，在程度上遠大於上述的工作重組計畫。

在此舉一個飛利浦家電（Philips）組裝工人的例子。1960年代，廠方在不同的部門推行不同的實驗，例如在燈泡工廠推行自主性工作團隊計畫，把30項獨立的工作項目交由四個工作小組負責，小組間同時實施工作輪調制度。施行結果發現生產成本降低20%、瑕疵品減少一半、生產量增加；員工滿意度沒有上升，但卻表達對新工作方式的強烈偏好。在1970年代的黑白電視工廠中推行自主性工作團隊，同樣也發現類似的結果。員工以七人為單位組成工作團隊，每天開會20分鐘，討論品質管制、工作分配和原物料管理等內容。經過評量後，這個工廠缺勤率明顯降低、等待原物料的時間減少、溝通協調能力增加、組裝成本減少10%；唯一與燈泡工廠不同的是，員工滿意度大幅提昇（den Hertog, 1977）。

從上面的例子可以看出，如果能改善工作環境、增加員工參與的機會，個別員工的壓力（如疏離感）可以得到紓解，團體目標（如低缺勤率和高生產率）也能順利達成。

隨著團隊合作的趨勢和新型態工作組織的出現，自主性工作團隊也有

新的稱呼（例如小組；cell）。在這些彈性的工作團隊中，「工作通常指派給一個小組，而非指派給某個員工」（Kelly, 1982）。而所謂高績效團隊（high performance team），是指「將工作分派某個團隊，而該團隊對於工作該如何完成有高度的自主性，是一個『自我規範』的團隊，而不需其他直接的監督」（Buchanan and McCalam, 1989）。另有些例子則來自汽車與化學工廠。在Scotchem公司中，新舊制度間的差異相當明顯。一組人以傳統的方式工作，工人站在生產線上操作機器、更換零件；另一組人則以電腦控制機器，工人在控制室中只負責將指令輸入電腦。在新工廠中操作員自行輪班，並完成工作表上的各項工作，沒有任何督導人員來指派工作。管理風格也發生改變，從過去的「警察式」改變成「教練式」，督導人員從指導者變成協助者的角色。新的工作方式不需太多的人工操作，但需要較多的知識和團隊合作，因此需要更好的溝通能力，並創造更多改善的機會（Wilkinson et al., 1993）。工作程序與專業技術合而為一，維護保養的工作則變成生產團隊的責任，並非僅由技術人員負責。

　　布卡南和麥卡藍（Buchanan and McCalam, 1989）從事迪吉多（Digital）的個案研究，也有類似的發現。工作小組的成員從10到12人不等，負責產品組裝、測試、偵錯、解決問題和設備維護等各項工作。研究結果指出工作團隊成功的兩項關鍵因素：第一，新式工作方法背後的原動力與60-70年代不同，後者追求改善工作環境品質，前者則是要提昇企業組織的競爭力；第二，工作團隊所處的工作情境對其成功與否的影響極大。管理階層能充分了解工作團隊在整體事業策略中的角色與地位，並且與員工分享這方面的認知。此外，工作團隊也得到許多自主性的支援，包括開放式管理、開放式配置規劃、彈性工作時間和非工時制的計薪法，完全以專業能力為計薪考量。這點對於工作團隊計畫的全面實施有重大的影響，因為團隊工作需要靠整體工作環境的培育才能奏效。如果任由獨立的計薪制度破壞團體的原則，那麼工作團隊計畫就難以成功。

　　某種程度來看，這些例子屬於典型的個案值得質疑。根據最近UMIST的研究（Godfrey et al., 1996），許多公司都想引進工作團隊，但是有兩個變數值得考慮：一是工作團隊的規模，二是團隊自主權的程度。在一般的狀況下似乎是先從第一線的生產單位開始實施工作團隊制度，然後再延伸到補給單位。生產單位的工作團隊有時著重在生產過程的改良，或進一步擴大成為組織結構的基本單位。在Southco公司中，團隊工作被視為標準的工作模式，每個團隊都有相當程度的自主權，並且負責管制工作分配、監督出席狀況、管理安全衛生議題和少部份的工作流程掌控。該公司的工作團隊要決定該團隊接受評鑑的項目，並自訂年度改善目標，規模較大的團隊甚至可以決定加班時間和自行招募人員。然而，在其他的公司中工作團隊卻只是一項指導原則，並無實際的行動方案來達成目標（Godfrey et al., 1996）。

員工參與的相關問題

　　雖然事實告訴告訴我們有關於員工參與的各項實驗能為公司帶來好處，但是要真正落實員工參與還是會遇到一些問題，以下就是常見的幾項潛在的困難：

1. 施行各項新措施會造成管理角色的改變，造成適應上的困難。
2. 規劃員工參與專案時，無法兼顧各項計畫的需求。簡言之，訓練在許多西方企業中仍有問題，亟待改善。
3. 必須面對第一線督導人員和中級管理人員的恐懼。督導人員與中級主管的初期參與和重新定位管理角色的工作非常重要，因為改革的工作是交給受改革影響最大的人來執行，初期的溝通會影響他們的績效表現與熱忱。對於工作穩定性、工作定位和額外工作負擔的恐

懼將減低他們對新措施的支持度，進而影響工作推行。布萊利和希爾（Bradley and Hill, 1987）認為，管理階層所承受的重擔經常被計畫推動者所忽略，結果是團隊工作的觀念廣為散佈，但事實上只不過是公告欄上的隻字片語而已，無法落實。

4. 必須與工會周旋，因為他們會擔心新措施可能影響工作機會、職位階級和傳統的溝通管道。這必須靠管理技巧、良好的工作環境、及利用教育訓練重新開發員工「剩餘」的潛能來解決。

5. 新措施介入的初期，各類成本花費會暫時性地增加。

6. 組織本身必須改變其系統以反映新的組織文化，並重新檢視各種內部支援的基本結構（如管理風格、工作內容等）。

除了上述的困難點會影響員工參與的進行之外，根據法藍屈和卡普藍（French and Caplan, 1973）的說法，還有四項原則必須遵守：

1. 參與或改革計畫並非虛晃一招，也不是用來操縱員工的工具（例如主管要求員工提意見後卻無下文）。

2. 經由員工參與產生的決策不能僅止於微不足道的事務（例如主管要求員工決定公司信紙的顏色）。

3. 員工參與的工作環境必須與員工的需求一致。

4. 員工參與所制訂的決策在公司內部應具備其合法性。

這些重點是發展員工參與的重要條件，也是邁向TQM的重要步驟。

品管圈

在任何一個企業組織中，品管圈都是最直接的員工參與形式。典型的品管圈通常是由6到8人組成的自願性質團體，成員來自相同的工作區域。

他們通常在上班時間集會，每週或隔週一次，每次一小時。小組集會時由主席（通常是組長或督導）帶領，處理工作內容和工作環境遇到的問題。品管圈是提供員工解決問題並落實解決方案的方法。

戴爾與歐克藍（Dale and Oakland, 1994）指出，典型的品管圈之特性如下：

- 小組成員無資格限制，任何人均可自由參加。
- 小組成員自行挑選需要解決的問題和推動的計畫。
- 運用七種基本品質管理工具（長條圖、工作檢查表、柏拉圖、特性要因圖、統計圖表、散布圖、管制圖）來找尋解決問題的潛在方案。
- 解決方案的成本效益也納入評量範圍。
- 品管圈的發現、方案與建議都將呈送給管理階層簽核。
- 品管圈提出的方案由小組自行落實。如果超出小組的能力範圍，則由小組隸屬的部門負責落實，並與小組隨時保持聯絡，以確保進度。
- 方案落實後，品管圈將繼續監控方案的效應，並考慮後續的改善。
- 最後品管圈針對落實方案的各項活動提出評論，作為日後改善的重點。

品管圈的特色使得它不同於其他形式的工作團隊和解決問題的方案。

由於員工有選擇的自由，所以有人不願意參加品管圈，希爾（Hill, 1992）把這個現象歸因於不適當的組織結構，並且認為組織結構對員工參與的影響遠大於員工的排斥。透過品管圈所實現的員工參與，事實上有助於促進員工的工作動機、提昇工作倫理、改善工作環境與技能、及表彰員工的成就（Hill, 1992）。

在日本的工廠，生產線操作員每天與前輩們一起進行例行工作和部門

事務的檢討改善，對他們來說品管圈和日常工作是一體的，不像西方企業會將二者區分開來。日本人的作法對於生產線上的工作活動能夠產生整合致性的效果，並且可以有效地達成部門主管和部屬討論後所設定的工作目標。這種作法之所以能成功，部分原因是靠公司組織與實際工作小組的充分配合。在西方國家，品管圈是以一種幾近於機械化的方式在運作，不像日本企業能建立一套適當的架構，使工作小組在品質改善的過程中擁有一定的自主權。在日本企業中，品管圈和工作計畫的關係是：品管圈可以提出建議，而他們的建議則可經由公司核准的工作計畫得到實現。而這兩者在西方企業中，通常是分開的。

其他品質改善團隊的特性

以工作團隊的方式來進行品質改善的公司，通常會有較優異的表現。這些公司通常會特別強調他們採用的工作團隊之特色，以及與品管圈的區別。以下介紹兩家公司的典型實例：第爾本（Betz Dearborn, 化工廠）和谷德（Gould Corporation, 電子廠）。

第爾本化學公司（Dale, 1994）

在選擇適當的品質改善方案時，下列三項因素是主要的考量：

- 改善的動機為何？
- 改善的政策意義為何？
- 改善的影響是否涉及公司內部多個部門？

這些方案配合員工的建議，提供公司內部持續改善品質的基礎。

1. 管理行動方案

由管理階層的行動方案所驅動的品質改善有以下特性：

- 確認公司內各階層的變革需求。
- 確認改善的目標。
- 設定品質改善的程序。
- 單一部門負責掌握改善程序。

2. 品質計畫小組

計畫團隊的特性包括：

- 確認公司內各階層的變革需求。
- 變革的目標由高層主管確認。
- 品質計畫小組發佈策略性變革。
- 小組必須包含各部門之成員才能達成目標。
- 改善程序由多個部門負責掌控。

3. 品質改善小組

品質改善小組的特性包括：

- 由非管理階層確認變革需求。
- 變革的目標由高層主管認可。
- 品質改善的程序由員工主導。
- 訴求改善項目而非政策性宣示。
- 改善程序由多個部門負責掌控。

　　谷德企業：TQM 的員工參與　谷德企業是日資的多分部企業，工廠單獨生產該公司的手提數位示波器。TQM制度在1980年代晚期引進該工廠，當時公司內部將製造流程中的各項工作，清楚地加以區隔，然後交由

不同的部門負責，而這樣的作法使生產的品質出現問題。其中一項嚴重的問題是該公司有許多年資甚長的資深員工，這些員工不僅變得怠惰而且憤世嫉俗，即使過去幾任主管曾推行幾種改善方案（包含品管圈），也於事無補，因此必須儘速採取新措施。該公司的總裁為了展示其改革的決心，與全公司300多位員工進行一對一的面談，每次面談時間從30分鐘到2小時不等。當時，總裁指示人力資源處處長來完成TQM的推行，原因有三：第一，當時公司強調內部溝通，正是人力資源部門的執掌範圍；第二，如果交由品質管理部門來推行TQM，會使員工誤以為TQM只和生產部門有關；第三，由於不同部門間常有衝突與摩擦，因此需透過中立的單位來宣揚品質觀念。

TQM的推行與監督是由營運指導委員會（這是一個品質改善小組）來負責，成員包含各單位高級主管，並由人力資源處處長擔任主席。谷德企業推行員工參與的方式是使用所謂的「錯誤確認表」（Error Identification Form; EIF）。每位員工都要填寫這張表，表頭上註明：「以下列舉會使我工作出錯的各項原因」。錯誤確認表由協調長（人力資源處處長）列管，並由領班協調相關部門的主管或品管圈的領導人來尋找解決方案，並在問題解決前持續以書面報告來追蹤進度，並由當時提案之員工簽名確認是否問題已完全解決。待處理與進行中的錯誤確認表則條列於公佈欄，以提醒相關負責的單位。兩年內員工提出200多張錯誤確認表，其中的內容從燈光照明不足到產品設計，林林總總，牽涉範圍很廣。

TQM對企業的好處，主要在於扁平化組織和團隊工作，特別對專案團隊的發展有所助益。在TQM引進之前，設計與生產通常在同一部門，但是彼此卻沒有支援的功能。當部門日益擴大、日漸複雜之後，部門的中心就漸漸放在設計的功能上。當TQM引進之後，部門內半數的人力與設備都用於促進各類想法的深耕。

初期，當大部分的錯誤確認表之內容仍與工作場所的硬體環境有關

時，人力資源部門為了展現改革的決心，必須負擔許多不同的工作，包括鋪新地板、翻修天花板和裝冷氣等等。人力資源已成為該公司推行TQM最前線的議題：每位員工都必須參加雙向溝通的品質研討會，而且得到工會的全力支持。品質改善、個人責任範圍、參與和自我發展是TQM制度堅持的原則，錯誤確認表的機制使員工不會繼續在錯誤中工作，只不過有些中階主管擔心這些作法忽略了他們的功能。內部溝通也得到改善，全面品質通報（TQ Newsletter）、公佈欄（每兩週更新一次）和小組簡報使員工能夠充分掌握各種資訊。最後，工作績效評量已開始重視生產品質、員工配合改革的意願和工作團隊所獲頒的獎項、徽章和認證（Wilkinson, 1996）。

分析第爾本和谷德的個案，我們知道推行員工參與的重點不在於各種品質團隊的名稱，而是團隊的結構、運作的特性、任務分派、責任與義務以及如何促進品質改善。如果管理階層推動任何一種改善活動—無論是品管圈、品質改善小組或解決方案團隊—他們都有絕對的責任去發掘並評量所有可行的改善方案。

團隊工作的重要性散見於不同的著作中，根據希爾（Hill, 1991）的說法，團隊工作能減少改革的阻力和組織內部的隋性，使管理團隊能與員工維持和諧的關係。歐克藍（Oakland, 1989）認為，「過去管理學的訓練，導致公司文化呈現一種西方式的獨立—不願與他人分享資訊與想法。然而知識就像有機肥料，如果將它撒開來，便能夠使土壤肥沃，促進生長；如果一直掩蓋著它，到最後便會腐化而毫無用處」。他進一步指出，品質改善中的團隊工作透過內部溝通、信任和自由交換想法、知識、資料與資訊，使得企業文化由獨立轉變成互相依賴。

根據裘藍（Juran, 1988）的自我控制概念，應該將品質管理的責任交付給實際負責工作品質的人。這樣做是為了要使員工對他自己的工作感到滿意，進而激發工作動機。而且管理體系要支援這項作法，因為與其擔心發生錯誤，不如先找出錯誤所在。如同戴明（Deming, 1982）所說的，帶

著害怕的心情工作最沒有生產力。如果員工擔心因錯誤而受罰，他便不可能會主動找出錯誤並加以改正，而系統中的關鍵錯誤也就無法顯露。因此工作團隊要負責減輕員工的壓力，使員工勇於提出錯誤。透過團隊的工作方式，可以使TQM的推行看起來不像是管理階層的洗腦活動（Wilkinson and Witcher, 1991）。員工和工作團隊要有權力進行改革，同時要有相關的主管單位來規範他們的作為。他們不能為自己能力以外的事情負責，而半自主性工作團隊可以建立裘藍所說的自我控制機制。

如何建立團隊

　　根據波拉斯和伯格（Porras and Berg, 1978）的研究，40%的組織改革都與建立團隊有關。團隊是組織的重要構成要件，對組織的發展特別有幫助。只要有幾個人在一起討論有關協調和工作改善的議題時，所謂的團隊就出現了。建立團隊的重點在於主管和第一線領班要如何協調團隊中和團隊間的各項議題，並使各團隊能和諧地同步運作。這些重點也適用於一些臨時的團隊，例如內部供應與需求單位的問題討論小組。

　　團隊建立的觀念起源於梅歐（Elton Mayo），他的理論是早期霍桑學派（Hawthorn Studies）的一支，說明工作環境中社交關係的重要性。此外國家訓練實驗室（National Training Laboratories）的李文（Kurt Lewin）所倡導的T-group運動也對團隊建立有深遠的影響。為了增進團隊的效益，在推行團隊工作時通常會專注於下列的重點：

- 增進團隊成員的互信；
- 增進團隊成員了解彼此的行為；
- 發展人際溝通的技巧，如傾聽、回饋和討論。

　　工作重點必須根據某項因素來決定，而公司應指派顧問與團隊一同研

究，找出團隊的弱點，最好團隊中每個成員都能參與討論。

哈里遜（Harrison, 1987）曾提出角色談判（Role Negotiation）理論來處理企業組織內部的「權力」問題。在準備談判之前，雙方成員都要準備談判議題，並以下列的格式加以陳述：

如果你能做到這些事，那我的工作效果就能提高：

- 增加或強化下列事項……；
- 減少或停止下列事項……；
- 維持下列事項……。

然後雙方成員兩兩會面來討論哪些事項是自己能夠辦到的。正常的談判談判過程會出現這樣的對話：「如果我願意做A，你就停止做B」或「如果要我做甲，那你也要做乙」。談判就一直持續到雙方達成共識後，以書面的方式寫下協議事項，並由雙方代表簽署。如果一方無法遵守協議的內容，另一方便有權取消協議；原因是要得到對方的協助，前提是談判雙方必須完全遵守協議內容。哈里遜認為談判的過程沒有必要涉及個人的感覺，一切從誠實出發。偶爾可以使用一般的談判技巧（如威脅與壓迫），但是可能導致雙方動怒而影響工作氣氛。顧問的角色就在於協助談判者了解並遵守談判的原則，並確認談判的目的。當然，顧問只是扮演協助的角色，並不會影響談判的進行。

結構化取向

結構化取向的前提是認為，改革最好從提供資訊和了解團體內部的程序開始。這個取向的核心是建立團隊研討會或訓練課程，包含一系列的練習來了解建立團隊的各項重點。這些練習並非要介紹各種不同的團隊，而

是要使學員了解團隊工作流程的各種層面，如競爭、運用品質管理工具與技巧、決策和目標設定等。練習使用的例子與實際工作多半無關，這樣可以使學員專注於工作流程本身，以免受到目前負責的工作任務所影響。但另一方面，由於不是實際的工作範例，學員參與的動機可能會因此減低。因此課程中常使用簡單問卷或其他的評量方式來引出團隊工作流程的各個層面。這些訓練活動配合顧問的從旁協助，有助於個人和團體更深入了解如何改善目前的工作方式。

「互動流程分析」（Interactive Process Analyze）是分析各個小組成員特性和貢獻的工具，分析的結果有助於提升小組的工作效率。互動流程分析是根據哈佛大學貝爾斯（Robert Bales）的研究發展而來，該研究設計一套相當複雜的分類法則，來歸類團體中成員的互動方式（Makin et al., 1996）。

該分類法可用來觀察各種工作小組，無論是在日常工作或在接受訓練時，每個成員的貢獻都能清楚地加以區分和統計。團隊顧問可以負責這項工作，評量的結果應該與團體成員討論，而成員則必須思考評量結果對自己和團體的意義與影響。我們很少發現某成員的貢獻只屬於某一方面，大部分人的貢獻都有重疊的部分；儘管這項結果令大多數的小組成員感到意外，事實上這是可能的，比如說，當小組在討論問題時，大部分的人的貢獻都在於「發問」，但是無人「回答」。如果該小組得到這樣的分析結果，他們就應檢討要如何擴展他們的貢獻。

摘要

當員工參與的措施在英國的企業界廣泛推展時，大部分的推行工作都

只是爲了特定的目的而流於形式，其影響也相當有限。員工參與不應與管理階層的工作區分開來，高層主管要清楚了解員工參與的目標並與管理團隊合而爲一。這對現行的管理方式可能帶來重大的影響，並且在計畫初期就應納入考量。員工參與的方式必須定期監控與觀察，以便評量其工作效率和確認品質改善項目的方法。

參考書目

Bradley, K. and Hill, S. 1987: Quality circles and managerial issues. *Industrial Relations*, 26, 68–82.

Buchanan, D. and McCalam, J. 1989: *High Performance Work Systems: The Digital Experience*. London: Routledge.

Dale, B. G. and Oakland, J. S. 1994: *Quality Improvement through Standards*, Cheltenham: Stanley Thornes.

Deming, W. E. 1982: Quality, Productivity and Competitive Position, Massachusetts Institute of Technology, Centre of Advanced Engineers Study, Cambridge, Mass.:

—— 1986: *Out of the Crisis*. Cambridge, Mass.: MIT Press.

den Hertog, J. F. 1977: The search for new leads in job design: the Philips case, *Journal of Contemporary Business*, 6, 49–67.

Evans, J. and Lindsay, W. 1995: *The Management and Control of Quality*, 3rd edn, St Paul, Minn.: West.

Feigenbaum, A. V. 1991: *Total Quality Control*. New York: McGraw-Hill.

French, J. R. P. and Caplan, R. D. 1973: Organizational stress and individual strain. In A. J. Marrow (ed.), *The Failure of Success*. New York: Amacom, p. 52.

Godfrey, G., Wilkinson, A. and Marchington, M. 1997: Competitive advantage through people? UMIST Working Paper.

Hackman, J. R. and Oldham, G. R. 1975: Motivation through the design of work: test of a theory. *Organisational Behaviour and Human Performance*, 16, 250–79.

Harrison, R. 1987: *Organizational Culture and Quality of Service*. London: Association for Management Education and Development.

Hill, S. 1991: Why quality circles failed but total quality might succeed. *British Journal of Industrial Relations*, 29, 541–66.

—— 1992: People and quality. In K. Bradley (ed.), *People and Performance*, Aldershot: Dartmouth.

Ishikawa, K. 1985: *What is Total Quality Control? The Japanese Way*. Englewood Cliffs, NJ: Prentice Hall.

Juran, J. M. (ed.) 1974: *Quality Control Handbook*, 2nd edn. New York: McGraw-Hill.

—— 1988: *Quality Control Handbook*, 3rd edn. New York: McGraw-Hill.

Kelly, J. 1982: *Scientific Management, Job Redesign and Work Performance*. London: Academic Press.

Makin, P., Cooper, C. L. and Cox, C. 1996: *Organisations and the Psychological Contract* London: Routledge.

Marchington, M., Goodman, J., Wilkinson, A, and Ackers, P. 1992: New developments in employee involvement, Department of Employment Working Paper, London.

Oakland, J. 1989: *Total Quality Management*. London: Heinemann.

Porras, J. I. and Berg, P. O. 1978: The impact of organizational development. *Academy of Management Review*, 3, 249–66.

Wall, T. and Martin, R. 1987: Job and Work design. In C. L. Cooper and I. T. Robertson (eds), *International Review of Industrial and Organizational Psychology, 1987*. New York: John Wiley & Sons.

Wilkinson, A. 1994: Managing human resources for quality. In Dale, B. G. (ed.), *Managing Quality*, 2nd edn. London: Prentice Hall, 273–91.

Wilkinson, A. 1996: Variations in total quality management. In J. Storey (ed.), *Cases in Human Resource and Change Management*, Oxford: Blackwell, 171–89.

Wilkinson, A. and Witcher, B. 1991: Fitness for use? Barriers to full TQM in the UK. *Management Decision*, 29(8), 46–51.

Wilkinson, A., Marchington, M. and Ackers, P. 1993: Strategies for human resource management: issues in larger and international firms. In R. Harrison (ed.), *Human Resource Management*, Wokingham: Addison-Wesley.

第九章

日本對全面品質
管理之研究

概論

　　許多專家相信品質是日本企業能夠席捲全球市場的重要因素，近十年來有許多文獻都以大篇幅來記載日本企業致力於品質管理的案例。

　　日本品質控制的重點（Deming Prize Committee, 1996）有：

> 眾所皆知，日本全公司品質管制（Company-Wide Quality Control,
> CWQC）或全面品質管理（TQM），都是企業廣泛運用統計方法
> 的結果，而且在改善產品和服務品質、提高生產力和降低成本方
> 面都有顯著的成效。

　　要探討TQM，一定不能遺漏日本公司對持續改善的努力。希望能夠提高競爭優勢的西方組織，最好是從已經有優良表現的日本企業中，挖掘最好的策略方向。

　　日本人通常以全程品質管制（TQC）和全公司品質管制（CWQC）這兩個名詞來表達TQM。TQC和CWQC在日本企業中進一步融合，並成為日本全國上下的品質標準之後，使得日本成為開發新產品的常勝軍。

　　在許多專家眼中，TQC、CWQC和TQM是理論的三位一體。

　　戴明獎（Deming Prize Committee, 1996）定義的CWQC是：

> 一組系統化的活動，由組織全體員工有效率地達成企業目標，並
> 在適當時機和價格下，提供品質能讓客戶滿意的產品和服務。

　　TQM攸關日本企業的持續生存。許多日本企業在經歷過去25到30年的奮鬥，已經建置好TQM，並且還會繼續投入維持與持續推廣全公司的改

善。

　　本章的重點包括：客戶滿意、長期計畫、研究和發展、展開TQM的
動機、組織和規劃品質管理和改善、明顯可見的管理制度、人員參與、教
育和訓練、全面生產保養（Total Productive Maintenance, TPM）和及時化
生產（Just-In-Time, JIT）。

　　本章的資料由戴爾（Barrie Dale）所提供。戴爾（Barrie Dale）曾率領
歐洲製造業的總裁前往日本，針對日本主要的製造工廠進行TQM實地考
察，因此本章的重點也包括比較歐洲和日本對持續性改善的管理。

客戶滿意

　　日本國內市場主導著日本的製造業，而且競爭非常的激烈；因此，組
織必須傾全力地迎合客戶。這些成果必須透過長期的努力，否則立刻會在
劇烈的競爭下被淘汰。日本國內市場商品充斥，並且要求產品必須有著多
元化的特色並具有吸引力、能快速反應市場需求、及高品質。日本企業相
信，新產品以最快的速度上市能夠讓他們在國內市場保持競爭優勢。「客
戶優先」和「客戶至上」是日本市場的精神。

　　組織永遠注視著市場的需求。日本經理人認為，客戶對品質的要求日
趨嚴格，而這些要求乃是他們不斷前進的目標。因此日本企業致力於增加
市場佔有率和淨銷售額，而不只是為了提高投資報酬率而已。

　　在客戶需求的充分投射下，商業運作和效率永遠都有精進的餘地。日
本組織有著眾多不同的制度、流程以及機制，可以確實地迎合客戶需求，
而不會與市場的脈動脫節。他們將戰線延伸至蒐集客戶的想法和需求（透
過溝通與傾聽）、了解他們的期望，並且以產品和服務來評鑑滿足顧客的程

度。例如，某陶瓷製造廠在相關數據蒐集之後發現，他們有4,500個缺點有待改善。

　　日本公司認爲，參與新產品開發的工程師應該要深入基層，與使用產品的客戶接觸，並且詢問問他們（包括測試操作者）：

- 他們對產品的感覺。
- 有何困惑。
- 新產品應該有哪些特性。
- 有哪些東西可以滿足客戶的需求、期待、想法和觀念。

　　這些由工程師以及公司透過傾聽客戶需求所蒐集來的資訊，可以用在新產品開發，以彌補在劇烈競爭下所產生的技術斷層。同時，也可以根據客戶認爲什麼樣的東西對他們有吸引力的資料，來開發產品特性，與競爭對手做區隔。

　　在日本，企業期望能夠完全滿足客戶的願望。因此日本的組織通常會運用聯結七項管理工具（關聯、關係圖、系統圖、母體圖、母數分析法、流程決策計劃表和箭型圖；見Mizuno, 1988）的品質機能開展，做爲協調該類型資料的機制。這些方法都是用來釐清客戶對品質（積極與消極）的需求，並將其需求納入產品及品質設計的程序中。日本企業甚至會蒐集客戶的基本資料，以求掌握他們現在以及將來的需求。這種建立客戶資料庫的規模是歐洲企業難以望其項背的。

長期計畫

　　品質（Q）（包括服務）、成本（C）和運送（D）（精確性以及交貨時

間）是企業開始發展QCD，邁向卓越時主要的組織目標。這些都是企業遠見、使命、政策和價值觀陳述的主要考量；許多證據都證明，日本企業在過去30多年來是如此運作的，而且進一步內化為企業運作的座右銘，使QCD的訊息能夠深植員工的心中。

日本公司相信其競爭優勢源自TQM，而以客戶為導向的品質在企業政策的所有面向中都是最重要的。簡單地說，即使某組織在一萬個產品中只有一個有瑕疵，但對於拿到那個瑕疵品的客戶而言，產品的不良率卻是百分之百。

TQM的規劃、回饋和決策過程不但是長期的，而且還可能長達十餘年之久。三到五年的中程計畫只是用來支援長期的事業部計畫和策略主題。

TQM還有一項主要的規劃活動，就是將總裁（綜合企業中程和長程計畫所擬出）的年度管理政策計畫佈署於組織的每一個層級（即政策佈署）。這個過程不僅能建構出TQM架構，也將策略意圖轉為年度運作計畫；這項計畫適用於企業集團展開TQM後的第一個會計年度。

這個佈署首先由工廠主管在製造分部中執行，而每個部門的主管接著又佈署於所管轄的領班和線上操作員。這項佈署的過程稱為QCD，**圖9.1**即為某陶瓷製造廠政策佈署系統的範例。

每個工廠的主管會依據總裁所提出的政策中，工廠各部門所屬的責任範圍，制訂其年度政策、改善目標和計畫。主管決定工廠的年度政策，並為落實總裁的政策而排除障礙。工廠的政策基礎是：長程的事業部計畫、工廠運作的長程計畫及應進行的改善（參考上年度的活動及表現而決定）。各部門與擬定年度計畫的相關人員，在充分討論後制訂出年度計畫，以及達成計畫的方法。舉例來說，工廠主管要求某部門要達成5%的改善，但該部門課長提出的改善目標只有2%；因此討論持續進行，一直到所有人都認為在特定的時間內某個目標可以達成為止。能力評量、目標的制訂和認同以及方法的建立，都是透過討論來達成共識。部門領班同意課長為他們制

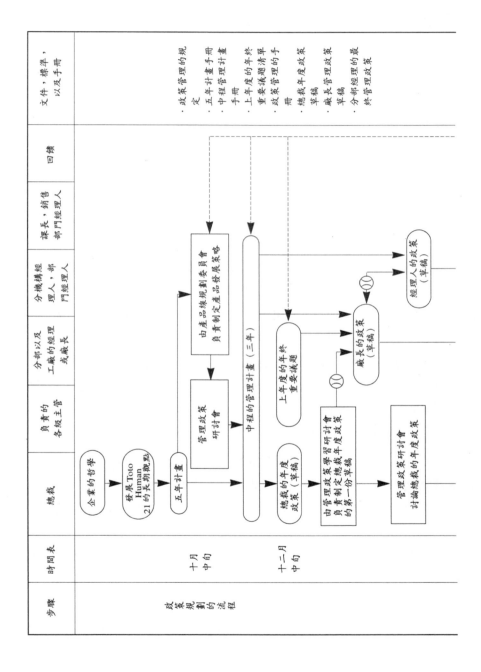

步驟	時間表	總裁	負責的各級主管	分部以及工廠的經理或廠長	分機構經理人，部門經理人	課長，銷售部門經理人	回饋	文件，標準，以及手冊
政策規劃的流程	十月中旬	企業的哲學 發展 Toto Human 21 的長期觀點 五年計畫	管理政策研討會 中程的管理計畫（三年）	由產品線規劃委員會負責制定產品發展策略				・政策管理的規定 ・五年計畫手冊 ・中程管理計畫手冊
	十二月中旬	總裁的年度政策（草稿） 由管理政策研習研討會負責制定總裁的第一份草稿 管理政策研討會討論總裁的年度政策	上年度的年終重要議題		經理人的政策（草稿）			・上年度的年終重要議題清單 ・政策管理的手冊 ・總裁年度政策草稿 ・廠長草稿 ・分部經理的最終管理政策
			廠長的政策（草稿）					

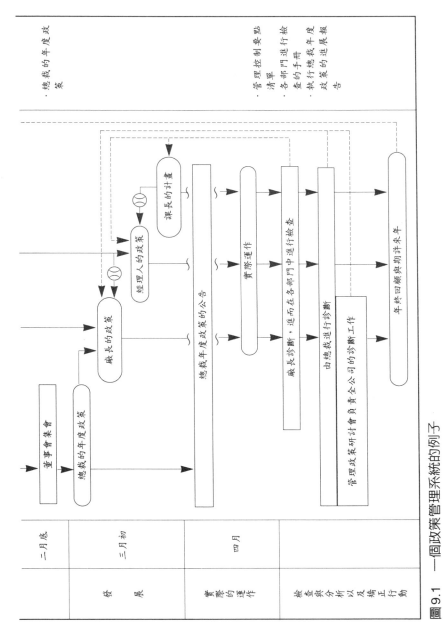

圖9.1　一個政策管理系統的例子

資料來源：Toto Ltd, Chigasaki Works,Chigasaki City, Japan

訂的年度或半年度改善計畫、活動和目標之後，進而與管轄的操作員溝通對方應達成的職責、方法和改善活動等。每個部門的改善活動都必須要經由員工的認可。因為惟有如此，組織的的改善活動才能落實與達成政策目標，並確保目標的統合和內化。如此一來，每一位員工都了解主管的政策，知道該怎麼進行運作，也曉得每一個人都朝著達成企業目標的共同方向在努力。同時，員工也知道這項政策對於公司的重要性，並願意與公司的其他部門一同奮鬥。

政策管理佈署活動需要一段時間（通常是六到八星期），才能由上而下貫徹於組織的每一個層級。每一家公司依其行事曆展開政策佈署。由於先前充分溝通與討論，每個階層的人員對於達成目標於是都有了共識。

在比較實際運作，確認落差、問題和問題的起源，決定對策，認定和獎勵成就時，應不斷地回頭檢視政策。一般性的檢查都透過：

- 總裁的診斷
- 工廠和課長的診斷及每月檢視工廠的活動
- 在工廠和QCD的會議中討論改善和進展
- 每一部門詳載其部門每日在組織內的功能、及每一位成員的角色、所進行的改善管制活動、標準化以及採行的矯正行動。

這些診斷中廣泛運用PDCA循環（Plan-Do-Check-Act Cycle，計劃—執行—檢查—行動改善）（見圖9.2），診斷後的結果則做為擬定來年政策，以及改善佈署過程的參考。

工廠的主管通常會按季檢查各部門應達成的改善進度，而課長對該部門的稽核則是一季一次或一個月一次。生產線上的作業員也經常針對應達成的目標，進行1-5等級的自我評鑑，而這些評鑑標準則由領班設立，並根據評鑑的結果修正作業員操作的方法。隨後，領班再向課長回報其成果、有待解決的問題和應該處理的先後順序，組織各層級應逐層完成向上回報

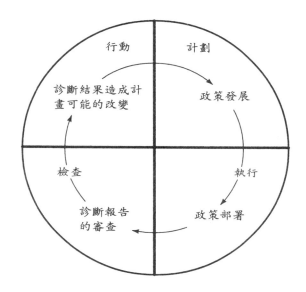

圖9.2　PDCA（計劃、執行、檢查、行動）循環

的動作。萬一回報的結果是目標的達成率落後，各層級的人就應該要進行
開放式的討論，找出癥結何在，並做出正確的決策，改善落後的狀況。

　　有些組織的政策管理佈署過程，是外界專家（JUSE顧問和大學教授）
體檢的主題，任何相關的診斷報告也會深入檢查。當然，政策佈署過程的
重要性是遠超過其結果的。

　　每一個部門的政策佈署經常會明顯公布，做為管理制度的一部份，圖
9.3就是一個典型的格式。表的左邊是由工廠主管到部門課長的政策，每一
個部門依其所面對的問題制訂改善計畫，並因製程差異而有著不同的瑕疵
率。至於表的右邊則列出品質、成本、運送、安全和士氣的年度改善目
標。在指出主要問題之後，可以在佈告欄上張貼改善的口號以激勵士氣。
同時將負責政策佈署活動的員工姓名也列在佈告欄上；所有計畫都應準備
好激勵參與改善過程員工的項目。將口號和受表揚員工的名字列於佈告欄

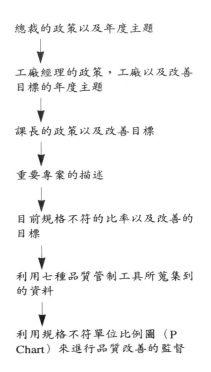

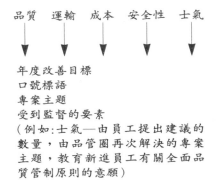

品質　運輸　成本　安全性　士氣

年度改善目標
口號標語
專案主題
受到監督的要素
（例如：士氣——由員工提出建議的
數量，由品管圈再次解決的專案
主題，教育新進員工有關全面品
質管制原則的意願）

總裁的政策以及年度主題

工廠經理的政策，工廠以及改善
目標的年度主題

課長的政策以及改善目標

重要專案的描述

目前規格不符的比率以及改善的
目標

利用七種品質管制工具所蒐集到
的資料

利用規格不符單位比例圖（P
Chart）來進行品質改善的監督

圖9.3　某一課政策部署的關鍵要點陳列

右邊，另一角則貼滿部門優秀員工的照片，以及記錄已經達成目標和有利
於標準化作業的改善規範。有些組織的製造部門在相關的辦公室只會陳列
第一線現場特別重要的行動、責任和測量方法。如此一來，員工的注意力
就會鎖定在這些特別的項目。

　　每一個部門每年至少要解決兩項主要專案，這些專案列為主題並且衍
生自政策佈署。這是品管圈之外的活動（品管圈指從事相同工作的員工組
成自願團體，在其領班的領導下解決與他們部門運作相關的問題）。歐洲的
企業部門有一個共通點，就是試圖在同一段時間內解決許多問題，付出的
努力相當多但成效卻十分有限。

　　歐洲公司的總裁辦公室之功能很有限，不外是代總裁過濾常務董事、工廠主管和中階主管傳遞過來的資訊，不過在日本情況就大不相同。在日本第一線現場的政策佈署和表現，不只必須讓企業總裁瞭若指掌，還得讓所有的員工了解總裁的政策，並知道部門和自己該怎麼做才會對政策有所貢獻。政策佈署與組織每個層級對於應達成的目標產生共識，才能確保線上作業員與主管會將所有的精力投注於同一方向。

　　也惟有如此，政策佈署才可以促進企業目標的達成及組織作業有系統地運作。它也有助於整合組織的改善程序與長程策略計畫和行動。很明顯的，歐洲企業若能深入研究日本對於這個方法獨到的運用哲學，將會獲益良多。赤尾（Akao, 1991）對於政策佈署有深入的介紹。

　　日本人強調，資深管理階層願意長期投入與領導是TQM活動成功的重要因素。其中，資深經理人的角色有：

- 確保全組織對TQM的投入，並建立企業的品質制度。
- 持續推廣TQM活動。
- 參與品質相關的教育及訓練。
- 參與活動，諸如：
　一品質規劃委員會的成員。
　一落實產品設計與製造之品質標準的品質保證協調會議。
　一品質稽核、改善和修正行動會議，以及檢核工廠的改善活動。為了執行品質檢核的任務，資深經理人在實地參訪之前，應先研讀由TQM推行辦公室所提供的相關報導，諸如品質改善計畫、目標、成就和問題等。（稍後將討論這個部門的功能）。

研究與發展

當競爭越趨激烈,產品的生命週期逐漸縮短,日本企業相信研究與發展（Research and Development）是他們維持競爭力的不二法門,也是他們努力的重點。他們投入大筆經費於研發工作,致力於發展新產品,希望在競爭對手進入市場之前能夠推出最新的產品。通常,他們會擬定一個讓產品在某段時間內可以增進公司績效和獲利的發展策略。日本公司往往會兼顧短期與長期的研發工作。長期研發著重在材料開發與不同科技間的整合;較不具創新意義的短期研發,其重點則放在發展新產品特性與製程開發（即漸進地改善產品）。有趣的是,在歐洲公司所重視的維修部門,卻看不到由組織內專家或外來專業人士合作進行機械科技研發的情形。此外,日本公司也反對將學術性研究停留在校園階段,並在組織內進行基礎研究。

日本企業一切的努力,是希望能讓大量具吸引力的高附加價值產品,在最短的時間內上市;這是成功的秘訣,也是他們投入大量時間與資源的目的。因此,產品在日本市場的生命週期便愈來愈短,市場也不斷地要求新產品。日本市場永遠在侵蝕產品發展的生命週期,要求產品推陳出新。日本公司相信他們如果推出只有一點點變化的標準化產品的話,一定無法在市場上繼續生存下去。有些日本公司甚至將研發與行銷部門結合在一起,以應付新的市場需求、拓展市場佔有率、並開發技術知識。

日本公司的研發制度化,大幅地壓縮商品概念到新品上市的時間。他們從產品開發到全線生產累積了豐富的研發資料庫,讓產品設計者能夠用在滿足客戶需求的設計上。其中相關資訊包括:設計特色、前期產品運用

QCD（品質、成本、交貨）、產品開發概念、製程設計、失效模式與影響分析（FMEA）、失效圖表分析（FTA）、成功圖表分析（STA）、可信度和會吸引客戶的產品形狀與特色。這些資料庫有助於新設計與產品的誕生速度，並且能讓企業長保競爭力；而這也是歐洲公司一朝一夕難以累積的智慧。日本公司往往因為科技領先而聲名大噪，社會也以研發活動在組織內盛行與否來衡量一家企業的聲譽。

　　研發專案小組從研發到發展、測試，最後到全線生產，在不同的階段實現著產品的概念。新產品推廣過程通常都經過詳細規劃與介紹，因此，研發小組須確保設計的概念已經融入產品，生產線也能完全了解產品特性。同時，研發小組對於製造過程的每一個階段所遇到的難題，還會透過訓練作業員來解決。

　　一般人都認為，研究實驗室是師，工廠為徒；研發中心扮演把關的功能，在設備進入工廠全線生產之前會先選擇與檢查。

　　某一家汽車零件供應商的研究中心，非常清楚新一代的電子汽車零件已經開發完成，而這些零件將迫使主要的汽車製造商的設計研發必須跟進。這是歐洲公司普遍面臨的處境，供應商的技術不斷創新，但製造商的研發進度卻很有限。

展開全面品質管理的動機

　　歐洲產業普遍認為，全日本的公司從1960年代初期就已經開始執行TQM。這是一個錯誤的觀念，許多日本公司只有在過去的10年間才開始推廣TQM。在某種程度上，這意味著日本貿工部（Ministry of International Trade and Industry, MITI）發展日本產業的優先順序。

日本推行TQM主要的動機與問題有：

- 環境、國家與商業因素、以及情況的變化，如：第二次石油危機、
  日圓匯率、經濟成長緩慢與激烈競爭。
- 缺乏有效的長期規劃。
- 組織對於防禦機制的重視。
- 上市新品未達成預定的銷售額。
- 開發受市場歡迎之新產品的需求。過去較不習慣傾聽客戶真正的需
  求，而是以正式的技術開發為主。
- 銷售量成長遲緩，導致企業業績不振。
- 考慮如何達成組織的長程計畫及總裁的QCD計劃。
- 對獲利自滿，而不知滿意就是退步的開始。
- 實行TQM公司的經驗，特別是已獲戴明獎的公司，或是受到矚目公
  司的主要客戶。
- 組織、概念和商業運作上的弱點，如：
  —缺乏品質的進階規劃。
  —研發、設計和製造部門缺少連繫。
  —不重視品質的大量製造。
  —組織上下對於管理政策不甚了解。
  —解決問題的方法不良。
  —員工士氣低落。
  —對客戶要求馬虎應付。
  —製程積弊已久。
  —規劃不夠充份，以至製造一展開就遇到問題。

值得一提的是，誠如我們在第一章的概論中所提到的，日本企業所遇
到的問題與歐洲公司如出一轍，而TQM通常是在發生危機之後才被引進。

引進TQM前的預備動作包括：

- 推廣政策管理；
- 規劃以更有效的方法來推出新產品；
- 依問題來源在適當的公司結構中建置QCD，以確保品質和控管；
- 發展穩定的製程。

日本公司在推廣TQM時，並非一帆風順；甚至在推展TQM的進階活動時，也曾遇到和歐洲企業一樣問題。例如：

- 必須投入相當的時間和資源，讓改善活動達到盡善盡美的地步。
- 資深經理人參與改善的過程，和
- 有效地使用品質管理工具和技術。

而日本企業能克服難題，成功推廣TQM的重要因素，有下列幾項：

- 企業總裁與資深管理階層的強勢領導作風。高層主管必須掌握中階主管對於TQM所抱持的意見，並將其看法納入改善計畫與目標。
- 由總裁發起，讓組織的所有階層都能接受完善的TQM教育及訓練，並且持續地套用到PDCA循環中。
- 高層和中階管理階層必須負起訓練部屬TQM之責。
- 中階主管認同TQM與發揮有效的領導；中階主管的職責包括：
    - 與組織其他部門維持密切的關係。
    - 貫徹概念與理想於組織中。
    - 教育員工品質優先的觀念。
    - 在組織中散播持續性改善的概念。
- 開發有效的品質保證程序。

品質的組織與規劃

　　日本企業從選擇產品到銷售與服務，對品質保證會進行整體性的規劃。日本公司通常會在總裁辦公室設立一個TQM推廣辦公室，有些公司甚至在每一個工廠都設有TQM推廣辦公室。「TQM推廣辦公室」顧名思義，就是要透過各項不同的活動來推廣TQM的相關活動，例如：

- 建立TQM政策；
- 教育及訓練（包括組織內外）；
- 推廣標準化的概念；
- 協助品管圈及橫向功能團隊的建立；
- 認同掌舵委員會；
- 確認企業的所有員工、供應商和配銷商達成同樣的TQM目標；
- 分析與協調改善活動；與
- 與供應商溝通和交換情報。

　　日本人是主要功能橫向管理的擁護者，因此會有相關委員會來處理品質保證、開發、成本、交貨供應、政策和標準化作業。舉例說明，典型的改善委員會成員每年會召開三到四次會議，其任務包括：擬定改善政策，處理組織的品管圈活動及如何發展員工技能等議題。品質保證委員會會去分析、匯整及討論有關TQM每天所遇到的問題，並決定解決方案。

　　製造部門必須負起維持品質之責，通常會有檢察員隨時向製造部門的主管回報線上狀況。品質保證部門的主要職責有：

- 提供給製造以及其他課有關問題剖析及發展改善計畫的指南；
- 評量產品的品質；
- 稽核製造部門；
- 檢查產品和稽核情形；
- 提供與品質相關的訓練；和
- 確保由TQM推廣辦公室或委員會擬定的計畫能積極執行，而且由上而下貫徹於組織各個層級。

許多大型組織通常都設有企業品質保證部門（Corporate Quality Assurance Department, CQAD）。以電子產品的重要製造商為例，CQAD在企業內部所扮演的角色為：

- 提供集團內所有子公司關於TQM的指南；
- 為製造部門設定長程以及中程政策；
- 提供品質教育與訓練；
- 提供品質稽核；
- 使品質制度落實於每一部門，並依品質績效評等；
- 評量產品在使用上的簡易性；
- 裁定產品在正常使用狀況下的安全性；
- 以競爭對手的標準來檢視自己的產品；
- 檢查包裝；
- 進行耐久性測試；
- 比較公司與市場競爭對手的產品，並進行其他測試，解決產品上市後一切可能發生的問題；
- 從事生活方式的研究；和
- 研究如何編寫一目瞭然的使用手冊。

　　爲了讓TQM推廣活動上下一致，並增加員工對TQM的了解以及交換相關資訊，總公司與工廠的品質保證部門應召開經常性會議。各部門主管負責推廣TQM，而TQM推廣辦公室和品質保證部門則攜手推動持續與全公司改善作業。每個部門各依其資源狀況負起QCD計劃之責；各部門必須向品質保證部門提出改善活動報告，品質保證部門綜合後上呈TQM推廣辦公室，最後報告匯整給總裁辦公室，以做爲部門績效年度審核的依據。報告內容通常包含特定的改善項目、目標和績效、未達成部分之原因說明、正在執行的專案、回饋數據、跨功能團隊的運作狀態和客戶滿意情形。年度審核還包括總裁親自巡視各辦公室與工廠，爲其TQM活動打分數。審核的目的在於：

- 確定改善過程按部就班進行；
- 向員工展示總裁對TQM的投入；
- 與員工分享理念與未來的計畫，並徵詢員工的想法；
- 評鑑統計方法的運用情形；與
- 促使員工向資深管理階層報告其工作績效。

　　日本人認爲，TQM的核心就是在企業的每一個角落都能夠落實品質保證，如果沒有具效率的品質保證程序來支持公司需要的協調工作，TQM的推行將會難如登天。因此，他們投入大量的精力，只要求確保每天的工作品質；而每個公司也都會利用各式的圖表以顯示其基本品質系統和程序。

　　日本人非常重視找出錯誤的根源。當問題發生時，日本人會立即使用瑕疵分析表詳細地剖析問題；將每個項目分門別類，並且連最小的細節都不會遺漏。一般性的程序就是在某些過程設立暫時性的對策，在調查問題時才可以控制並維持正常運作。首先會想出對員工個人的對策，隨後是系統性的預防措施。日本人對重蹈覆抱持著戒愼恐懼的態度，並且對各項失

效均加以製表防止再犯。發現有任何未盡完善之處，立即會向上呈報，並且對問題採取預防措施。

　　預防的重點在於資源控制及紀律。以變壓器製造廠為例，他們非常重視：「如果你稍加不慎，就會鑄成大錯」（並以圖表清楚呈現）。其他典型的來源控制活動還有：

- 為內部作業和承包商製作品質保證圖表（如控制計畫）；
- 設計及覆審以預防設計人員的失誤；
- 由領班和線上作業員製作操作程序；以及
- 每日的控制標準和操作說明。

　　為了防止作業員一開始就採行了錯誤的步驟，組織內也有各式各樣的預防工具：

- 檢查表；
- 作業說明書；
- 產品識別卡；
- 流程操作表；
- 瑕疵分析表；
- 需要注意的特色與參數；
- 品質保證表格；和
- 機器監視系統。

　　傢俱工廠為了要推廣製程管理和來源控制，每一位線上作業員必須製作「我對於我的工作知多少──工作的絕竅」說明，並且張貼在醒目的地方。在變壓器製造廠中，紀錄員工品質改善之開發意見的白板更是擺在重要的戰略位置。

　　日本公司偏好使用七項品質控制工具──特性要因圖、直方圖、檢查

表、柏拉圖、控制表、散布圖和其他圖表（詳見石川，1976），並且將成果展示於品質控制布告板上顯目的位置。因此，他們不僅聆聽製程，並且能以實際的行動進行改善，而七項品質控制工具的結合運用有助於解決問題和改善活動。日本公司的每個部門都有一個MQ改善站做為TQM活動的基地，通常員工會在站內討論品質問題，並交換PDCA循環的心得。

日本有許多值得學習之處。近年來，西方公司大量運用統計製程管制（SPC），但卻很少看到像日本以其他七項品質控制工具所製成的圖表。

在研發和設計部門為了改善品質，工作人員會設法了解顧客的需求，並使用各種不同的方法來達成目標。在計劃與生產準備階段，試作品和正式生產的貨品都必須在工廠線上實際操作，然後詳細記錄生產過程中所遇到的問題，追溯這些問題的來源，並且製作詳細的問題報告，隨後才正式交由生產線進行投產的動作。這些細節與報告都妥善地收藏在資料庫中，往後處理不同的產品或投資時，能夠加以援引。所有必要的準備工作都必須在正式生產前完成，相關的資源也都要準備就緒。在歐洲的企業組織中，生產的準備程序通常十分草率，因為他們認為任何錯誤都可以在事後修正；準備時就算紀錄了各項問題，也很少深入分析，以確保能避免重蹈覆轍。

在發展與設計階段，品質管理部門的工程師會在研發部門見習，稱為「見習工程師制度」，在歐洲稱之為「協同工程學或同步工程學」。產品的設計必須經過評量，才能了解大量生產時可能會遇到的問題，其重點在於避免過去遇到的問題重覆發生，並且以有效率的生產方式確保設計品質。在生產準備階段，研發單位的工程師則在生產與品質管理部門中見習，以確保產品的各項設計完全落實在生產程序中，並提供在研發階段所得到的各項知識，並引進追溯的方法，以了解生產可能會遇到的各種問題，從而解決問題（關於問題解決的部分，請見 Shingo, 1986）。這種跨部門性的工作支援，有助於問題解決、發展多元的技術和改善溝通品質；不僅能減少產

品發展與生產準備階段所需要的時間，也可以確保產品的設計能夠順利移至生產線，並減少生產線上不必要的變動。

　　主要供應商也同時參與設計階段的工作（他們被稱爲「客座設計師」），這種制度把供應商當作產品開發的專業人員，能夠利用他們的專業，使品質改善能在產品的設計階段就開始。

　　爲了確保產品品質，各項與品質有關的資訊，包括生產計畫、產品設計、試作品評量、生產前置作業、採購、品質稽核、大量生產、檢查、成品抽驗和客戶服務等，都必須建立完整的回饋機制。此舉之目的在於確認產品生產的每個階段之工作品質，透過設計部門、工程部門、品質管理部門與製造部門間的團隊合作來消除並預防各種可能發生的問題，並確保工程流程毫無錯誤，這全都得靠跨部門團隊的合作。

　　爲了減少產品設計過程中的缺失，經常會用到下列幾種方法：實驗設計、品質管理會議、QFD、FMEA、FTA、品質稽核與可信度測試。在生產準備階段，產品工程師致力於預測生產過程中可能會遇到的錯誤，經常使用FMEA和流程產量研究；特別在新產品設計是利用現有設備與生產程序製造時，流程產量研究更經常被援用。

　　歐洲企業在造訪日本公司後，發現每一家公司無論是辦公室或工廠都非常整齊、一塵不染。例如在參觀鋼鐵廠時，每個人都戴著白手套，等到離開的時候，白手套還是白手套；進入印刷工廠的照相排版部門，所有人都必須在鞋子外面罩上塑膠鞋套。所有參觀的公司的窗台上幾乎找不到一點灰塵。日本公司非常重視保持通道的暢通，所有相關的設備與工具都放在外牆的架子上。我們常看見通道旁的空地和外牆上都漆成代表草地的綠色，並擺設有許多盆栽。環境的整潔代表品質管理的效率，這點值得歐洲公司借鏡。然而許多歐洲公司卻不信這一套，也不了解這些事情對生產效率以及企業績效的影響。一般認爲，維護環境是員工的責任，而且各自應負責自己的工作場所之整潔，在環境整潔上的要求是5個S，代表了5個日

文字（分類seiri、整頓seiton、打掃seiso、清潔seiketsu、和管教
shitsuke）：

- Seiri（分類）：整理——依需要與否進行分門別類。
- Seiton（整頓）：整頓——將所需項目井然有序地安置在乾淨的地
  點。
- Seiso（打掃）：打掃——保持設備、周圍和環境的乾淨整齊。
- Seiketsu（清潔）：清潔——消除會造成骯髒、外洩等因素，發展讓每
  一件事情組織化的制度，及清潔和維持清潔的標準方法。
- Shitsuke（管教）：管教——依照所頒佈的程序操作，一直到成為生活
  方式的一部分，並與其他人員分享最好的操作經驗。

改善的管理

　　日本的經理人和技術專家會培養出部分的人力投入管理團隊，他們有
滿腔熱血、享受工作所帶來的成就，並對於持續性改善作業精力流沛；同
時對於公司的方向有遠見。歐洲企業所參觀的日本公司，大多有著非常典
型的成長狀況。例如，某一家公司在過去三年中，年銷售金額呈現21%的
成長，新產品銷售率成長率達25%，而勞動生產力更提昇50%。其中多數
的公司對於銷售額都訂下3年成長20%到25%的計畫。

　　日本的經理人能非常清楚且有效率地說出他們目前的工作重點，並自
信他們所追求的策略和行動方針是正確的。由監控活動所得到的數據進而
了解實際情況，是他們自信的來源。每一家公司的目標都是想成為市場以
及產業的龍頭。日本的改善活動都有不同的稱號，例如，全面生產保養

（Total Productive Maintenance, TPM ；見 Nakajima, 1988a, b）、TQM 或
JIT，這些名稱使改善活動與改善活動的焦點更為明確。歐洲公司則反其道
而行，不只改善活動一開始就各自發揮，而且責任也都落在單一部門和人
員身上，也因此每個員工都認為政策不會持久而採觀望的態度。

　　日本人已經以他們的投資和在全球製造的成功經驗為基礎，發展出一
套放諸四海皆準的組織文化與管理風格。日本人能夠成功的關鍵在於，他
們有能力在一個對持續性改善有利的環境中創造組織文化。日本飽和的市
場、日圓的強勢、高勞工成本以及積極進取的銷售文化，讓日本公司在近
海地區的製造業能夠不斷地增加。

　　許多歐洲製造公司只要有一小部分的人離開，改善過程就會立即停
滯，並逐漸退步。相反地，在日本卻會自動進展到有如自發性改善的狀
況。所有的員工都會自己按進度、依循共同目標執行改善的動作。顯然
地，日本人已經發展出一套管理企業和改善過程的標準化作業方法，而這
套方法也可以在大多數的文化中順暢應用。為了維持高銷售成長率，日本
人以全球化的方式擴展，因此多數公司也有計畫地將操作方法國際化。

　　日本公司透過個人投入、品質循環和建議方案來緊密監視著企業內部
的作業，領班與作業員也無時無刻地預防問題發生，並致力於改善活動。
在運用 TPM 時，他們非常重視機械及設備的品質。在日本公司，當作業員
遇到任何品質問題，或是他們無法趕上製造進度時，他們可以採用備用系
統，停止生產線的運作。問題一發生，危機小組就會協助作業員扭轉情
勢；作業員、領班和技術專家時常召開經常性會議，共同討論問題和改善
的活動。而歐洲公司在發現問題、解決問題和恢復正常之前還有著層層的
關卡。日本公司似乎比歐洲公司還居上風。大致來說，日本公司過於重視
製造，特別是工程的部分，因此可以看到每家公司都聘雇相當多的工程
師。多數歐洲製造公司的工程師則太少，以致於無法迅速解決問題。

　　每位日本的經理人都了解，製造業是國家的經濟命脈；日本人的集體

意識就是工作，他們也相信努力工作日本才有未來。日本的管理階層與技術專家在生產過程和工作場所，都展現出持續前進的態度。資深以及中階主管投入大量的時間於觀察工作場所的運作情形，他們詢問進度和員工所遭遇的問題、提供建議，並透過領導統御風格培養出員工的習性（也就是所謂的走動式管理）。歐洲公司的資深主管卻有將自己孤立於辦公室的傾向，不常與產品生產和交貨服務的作業人員接觸。這些資深主管真應該反過來問自己─我的辦公室到底有何用途？

　　日本人不顧短期的負債，依舊將資金投注在設備、技術和過程的改善上，因為他們知道這樣的投資長期下來穩賺不賠；此種投資策略也運用於景氣蕭條階段。這種投資意願必然是他們的經理人與工程師的動機特性，因為投資的主要目的是為了要減少製造成本。日本人過去30多年的經驗已經證明了這項政策確實是明智之舉。與歐洲公司的1年相比，日本公司設備的償債年限往往是3到5年，貸款利率相對也比較低。歐洲企業製造部門的人事支出與產量必須達到損益兩平，新設備的投資必須以三班制作業來打平。

　　歐洲製造業的管理人員經常抱怨，他們的工程師因為計畫的需要，不斷地要求將電腦設備和軟體複雜化。相反地，日本工程師在遇到電腦相關設計和製造系統延伸問題時，則是投入大量精力於簡化工作。事實上，日本許多公司所使用的設備都相當陽春。因為重點並不在於機械本身，而是如何運用機械以改善生產效率。

　　所以企業經理人應當要謹記，設備只是支援製造和改善效率的要件罷了。歐洲企業參訪的所有日本公司，都有自己內部的機械製造部門，並且依該公司計畫所需設計自己適用的設備。這些獨家設備是用來降低製程中的浪費與運送，並讓企業內部的物流運作順暢。參訪的過程中，日本企業也不藏私，樂於與歐洲同業分享他們在改善活動方面的成果（見表9.1）。

看得見的管理制度

　　日本企業相當重視將各種工作與營運資料顯示於各階層的工作場所，他們相信每個人都能從公開的資訊系統中受益。各部門會利用自己所發展出來的表格，簡單而完整的展示各類資訊。這些資料會有助於主管、技術人員、工程師和作業員掌握其工作流程，並落實持續性品質改善，也可以公開展示各單位的品質績效。這些作法常見於許多日本企業中，是相當有效的傳播工具，它能讓員工隨時掌握最新狀況、了解工作重點並可針對異常現象提出警告。這些工具大部分是由各部門第一線員工和基層主管所共同製作，有些紀錄了生產部門的進度，有些則是政策性議題的內容（如工作安全、品質管制等）。以下就是幾個例子：

表9.1　比較兩家日本公司之改善活動的成果

半導體製造商		溫度計製造商		
目標	3年成就	功能	改善前	改善後
設備	使用率85%	製造前置時間	3天	2天
製造成本	降低50%	存貨：零件	30天	3天
失效率	降低10%	WIP	12天	8天
產量	改善2倍	完成品	5天	2天
建議	4項／人／月	勞動力	13人	6人
意外事件	零	空間	20平方公尺	12平方公尺

- 在軟體設計部門的辦公室白板上，會記錄每一位軟體工程師的名字以及他們目前的工作內容。

- 金屬零件沖壓部門的工作程序說明，指出從上午八點半到晚上七點半，各個不同時段的任務安排。

- 某組織以不同的顏色顯示副裝配區與主裝配區的工作，以及全職員工的工作區域。其中，棕色是臨時工人區；藍色是供應零件的作業員；黃色則專門協助進度已經落後部門的員工。

- JIT制度的重要進展，如目的、目標、活動和已完成之改善等都填寫在佈告欄上。

- 工廠的牆塗滿不同問題的圖表，包括已經完成改善的細節和圖片、安全績效、相關統計數字、品質問題、建議、生產目標、QC和TPM活動等。

- 另一家公司在機械旁邊懸掛一系列大型公告，內容是作業員對同儕所進行的TPM特別訓練。

- 冷凍裝置裝配線上的每個工作站，都貼上應特別注意之產品特性的品質管理檢查表，提醒作業員重視製程對品質的重要性，並執行自我檢查。

- 在一個組織中，越過通道有許多用來支援裝配線的副裝配區，每一個副裝配線與區域都規劃特別期間的生產目標。生產符合進度，就遞出一張灰卡到通道的另一端，如果進度落後兩個單位，則遞紅卡。

- 某家大電子公司的企業品質保證部門，其職員辦公室的牆上張貼著產品與對手相比較後的優缺點，以及使用者目前所遇到的問題等訊息。

分享與資訊的擴散讓公司上下有相同的目標，有助於降低公司內部的

衝突。員工對於 TQM、JIT、TPM 等概念瞭若指掌，知道為什麼要運用某個特別的概念、策略和目標、技術，以及成功或失敗的結果。而部分公司陳列資訊的目的只為了降低生產部門的人手，所減少的人手則被轉調到其他部門或子公司。舉例來說，有家公司的作業員有時會被轉型成具有銷售功能的員工。

　　機械工程公司的幫浦製造部門受到季節性影響，65% 的製造量都集中在 10 月到隔年 3 月。公司的中階和第一線主管以及工會成員會一起坐下來，討論如何安排員工在淡季與旺季的工作量問題，並擬訂出具體計畫。例如，員工在淡季時輪調於製造、組裝和工程部門，以訓練他們的技能和知識、維修、失效處理能力、執行標準化和改善等活動。員工同時得拜訪客戶與業者，以協助促銷產品，並傾聽他們對於產品和服務的心聲。

　　上述兩個例子充分說明了日本的制度與員工的彈性很大。歐洲企業走訪的每一家日本公司都強調，他們的員工接受頻繁的工作輪調制度。組織內的改善活動、新技術、研究和制度普及的最大阻力來自於部門間的藩籬，而彈性工作與工作輪換則有助於拆除這些藩籬。每一位員工都是全方位的工作者，工作內容沒有清楚的界限，當然也就不會因人或因工作來進行薪資的計算。

　　日本公司特別強調通才而非專家。終身任用制度與單一工會有助於推動彈性工作內容、工作輪調和長期教育與訓練課程。

人員的投入

　　日本公司認為，人力資源是他們最重要的資產，並鼓勵所有的員工參與持續性的改善活動。許多公司都說，因為日本終身聘雇的特質，他們更

需要誘導並時時為他們的員工注入新活動。最常用的方法就是透過品管圈、建議提案制度、其他小團體活動、不同的展示、工作輪調，以及不間斷的教育與訓練。

　　品管圈與建議提案制度是促使員工投入組織持續性改善活動的主要機制與誘因，這兩項活動不僅重要，而且相輔相成。品管圈能提供建議，並透過不同的方案來評量其建議。各式各樣的獎勵方案、競賽和獎賞都已經準備就緒，員工的努力一獲肯定就會予以獎勵。日本公司著重品質與品質建議，而品質與品質建議也反映部門主管能否創造有利於改善風氣的能力。

建議方案

　　下列幾項是典型日本建議方案的運作特性：

　　課別領班在同一天內陳報建議與受到評量，提出建議者可以得到100至300日圓。一旦各課的正副主管或QC委員會認為某項建議具有潛力，他們會進一步評量這個建議的價值為多少個積點。或者要求提案人提出更多數據說明，並且以同樣方法評鑑第二份提案。

　　一般而言，提案被正式接受之後，予以獎勵的程序都會在建議案提出的一個月內完成。每個月、半年或一年會再度表揚這項提案，並由提案人說明其理念，以下則是一家公司依提案的價值所定出的回饋方案：

第一級： 10,000 日圓
第二級： 5,000 日圓
第三級： 3,000 日圓

第四級： 2,000 日圓

第五級： 1,000 日圓

　　羅賓遜與羅賓遜（Robinson and Robinson, 1994）由日本人力協會取得數據後，比較美國和日本企業的建議方案，並製成表9.2。從統計數字中可以明顯看出，日本模式的建議方案之所以成功，是因為參與率高與提案數多；而且企業對提案的獎勵速度愈快，無論獎金有多少，在多數員工的眼中都非常珍貴。

品管圈

　　歐洲公司所參觀的日本企業，每一家公司的員工都會參與 QC（Quality Circle）計畫。根據JUSE的數據顯示，有550萬的勞工是QC的會員，約佔日本勞動力的10%。 QC應用於：

- 生產區；
- 非生產區：受到管理的高層級員工；
- 非生產區：受到督導的低層級員工。

　　一般說來，QC的目的不在於降低成本，而是運用於教育、溝通、環

表9.2　美國與日本企業之建議方案的成果

	美國	日本
每100位員工的提案數	21	2530
採納率	35%	86.1%
參與率	8%	68.3%
平均獎賞	$461.22	$3.50

境改善、改變態度等領域。QC可以說是日本勞動生活的本質，同樣使用QC的歐洲企業在這方面真是望塵莫及。日本每一個部門的作業員與領班在他們的例行工作內容中，進行每天的改善動作，從來不會像歐洲企業一曝十寒。通常QC與部門為符合總裁要求所制定的改善目標、工廠主管和部門主管的政策密不可分，而且由部門主管主持。QC固然非常重要，但日本組織強調QC只是品質改善過程的一小部分而已。野口博士（JUSE的總裁）在談到QC解決組織品質問題績效時表示，許多專家對此意見相當分歧：石川認為有30%到35%的效率，裘藍（Juran）認為是15%到20%，至於戴明（Deming）覺得只有5%。

　　多數日本公司內非主管級的員工都是QC的一分子，不過他們不一定出於自願，絕大多數是因為同儕壓力不得不然。至於QC的績效大約每半年或一年評量一次，而表現是否卓越此時就會分明。

　　在過去幾年間，因為QC在日本境內廣為推行，再加上勞工工會的壓力不斷，日本公司對於QC的運作方法做了些改變。改變的情形有：

* QC遇上外勤時間，會付給員工加給。
* 由QC所執行的計畫，可以搭配為每個員工所設計的建議與獎賞制度。獎賞體制中所頒發的金錢通常都使用在娛樂設施、教育訓練、社交活動等發展團體的一般性活動。
* 在生產部門的每個工作區域中都應該要有QC計畫。
* 每項QC計畫每年要完成一定數量的議題，通常是兩個。
* 如果各工作區域的人員可以自行選擇議題，主管會鼓勵員工主動提出要求。
* QC計畫確認之後，部門主管會追蹤各項品質管理工作的進度。
* 日本公司操作QC的方式，已經跳脫教科書的定義，比較像後來歐洲企業起而效尤的品質改善團隊概念。通常，每個困難的計畫都會

有一位工程師進駐，以協助QC的推展。

歐洲企業所參訪的組織中，常見的QC目標與建議方案有：

品管圈

- 透過協力團隊的努力，提供自我改善知識與技能的機會；
- 創造有功必賞的獎勵環境；和
- 創造能夠全面參與品質管理的工作場所。

建議方案

- 改善員工做事效率的能力，並開發個人能力；
- 促進所有員工之間良好的關係，並讓活動有生命力；以及
- 改善公司的組織結構和作業方式。

企業為了創造能讓員工積極參與的環境，投入不少精力；公司以人來看待員工而非工具，企業致力於創造人與科技之間的和諧。

教育及訓練

日本公司認為，組織內的每一個人都必須了解TQM，這個目標可由教育及訓練達成。他們的品質教育與訓練是長程計畫，並且還設有師傅級的訓練計畫表和課程，希望開發所有員工的技能。訓練計畫表是因材施教型，組織內不同層級中不同部門的人員需要不同的訓練（請見圖9.4）。資深經理人應關心組織訓練課程的內容。

日本公司認為，「工程師若不了解TQM，那麼他就不配稱為工程師」，因此，多數TQM課程都是專為工程師設計的（例如6個月當中每個

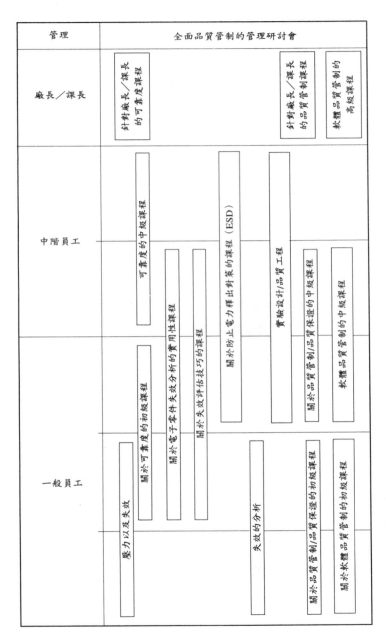

圖9.4　全面品質管制的教育系統

來源：Omon公司，日本 Kusatsu 市

月上5天的30天課程)。教育和訓練課程的設計,是為了要讓每個人認識TQM,並增加知識與技能。日本公司以為,TQM中最重要的元素就是人員的培養,著眼點在於讓教育和訓練成為執行改善的觸媒。多數公司鼓勵員工提出自己想要學習的專業訓練建議,因為他們堅信好的教育,造就出好的員工。在一家公司的訓練計畫中,兩位機械操作員接受CAD/CAM訓練,而工廠的主管得去參與氣焊技術課程。

日本公司不是要開發如品質工程師這樣的專家,他們只想讓每個人都擁有TQM技術的知識,只要觀念清楚,每個人就可以投入改善的活動。所以,幾乎是每一位新進員工一進公司,就會安排他們接受正式的TQM訓練。

以下是某機械工程公司,為領班人員所設計的訓練大綱:

- 自我潛能開發;
- 有效率的時間管理;
- 教育部屬;
- 勞工和人員管理;
- 安全和健康管理;
- 提升生產效率;
- 了解成本;
- 品質意識/工具和技術;
- 製程控制;
- 維修;
- 環境控制。

這家公司的領班訓練課程,無論在廣度或深度方面都值得討論。例如,在「了解成本」部分,領班對於其部門應瞭解詳盡的固定和變動成本資料,以及掌握生產過程中會影響成本的每個因素(如裝配線的平衡)。多

數歐洲公司的資深經理人連這類成本的深度概念都沒有。而訓練的廣度則是這些成本資訊可以援用於每個人的工作中。如此一來，領班對於整個企業的運作方式就會有概念。多數訓練的素材都來自於檢查表，也就是領班原本就想突破的瓶頸。

　　一般說來，歐洲企業很少對監督階層進行真正的訓練；相反地，日本公司將領班視為管理的第一線，因此也教授他們管理的技能以符合職務需求。至於所有的資深主管都接受一樣的訓練，因此他們會有共同的知識和信念，在了解與行動上會有相同的認知。

　　日本組織內的每一位成員都接受使用七項品質管理工具的訓練，並且也有許多事實可以證明（如同先前所提陳列在品質佈告欄上），這些工具可以充分在每個製造過程中發揮。各式各樣關於技術、簡報和領導技能的訓練，可以用來加深員工的TQM意識，並改善他們解決問題的能力。至於設計和製造工程師所接受的訓練應要更為徹底。

　　歐洲的員工經常在某家公司接受訓練，隨後就跳槽到另外一家公司。因此歐洲公司需要以更寬廣的態度看待員工技術的流動率，否則一切在教育和訓練上的投資都將被視為浪費而中止。會有這樣的現象通常是因為訓練策略的錯誤，因為很少有歐洲公司在擬定訓練計畫時，同時設下改善目標。

　　日本的品質訓練課程一般都由公司和工廠品質部門的幕僚以及工程師共同經營，或從公司外部其他機構如JUSE外聘講師。例如，JUSE為TQM設計25種不同的課程，上課的學員從企業總裁、高層主管到線上操作員等都有。每天大約有600到800人到JUSE接受TQM訓練，現在則已有40,000人接受過他們的課程。如果從1980年代第二次石油危機之後開始算起，到現在人數已經激增至4倍，再往前推到1960年代，接受TQM相關訓練的人數已達10倍之多。目前，JUSE的課程每年更新，大約一年會推出300堂不同的課程。當然，JUSE也會對接受他們訓練的新學員進行評鑑，了解學員

能否有效率的使用新習得的技能。

　　日本大型組織因為實施終身雇員制度，因此組織會在員工身上進行長期教育訓練的投資，並且投入再訓練以開發員工的潛力。一開始的職前訓練讓員工不分學歷，無論是國中、高中或大學畢業生，都能夠了解組織的使命、哲學觀、制度、程序和工作技能，這些認知會永久深植在他們心中。

全面生產保養

　　TPM的概念在日本公司非常顯著，豐田汽車集團的子公司—日本電素（Nippondenso）因為執行TPM一炮而紅，也引起許多公司的競相效仿。

　　日本企業熱衷於追求國家級的獎項。日本有獎勵在品質策略、管理和執行上表現卓越的戴明應用獎；對於已經獲得戴明應用獎的肯定，而且在持續性改善上又有五年以上優良表現的公司，則授與日本品質勳章（Japan Quality Medal）予以鼓勵；肯定現代化管理新方法及執行成效良好的石川馨獎；還有為TPM所設的日本工廠保養學會獎（Japan Institute of Plant Maintenance）。上述獎項在日本都赫赫有名，其中，各界又公認TPM的獎項最難以獲得。

　　在歐洲企業所參訪的日本公司中，每一家公司對於TPM的認知不盡相同。TPM的廣泛定義就是全面生產保養，重點在於全面預防性的生產保養。因此，TPM被視為完全的管理方法。中島（Nakajima）是TPM的創始者，他結合TQM、QC和員工參與中有關預防、生產與預測維修的重要特質，而發展出TPM。因此，從實際的維修程序以及嚴格的制度這兩個方面來看，TPM只是舊瓶裝新酒。中島（Nakajima, 1988a,b）對TPM有清楚的

介紹。

TQM 與 TPM 因為同樣擁有改良產品品質的目標，因此兩者的概念近似。TPM 扮演著 TQM 輔助者的角色；TQM 在公司中關心的是「怎麼做」，而 TPM 則強調「為什麼」。然而，一些採行 TQM 已經有 25 年甚至 30 年之久的公司，卻是在近 10 年間才開始實施 TPM。而這些公司一致的想法是，依據他們的經驗，TQM 對機械績效的影響極為有限，所以他們必須因「機」施教，為了機械引進 TPM。

設備的狀態對於生產品質的優劣具有舉足輕重的地位，因而會影響到產品的品質。機械需要人員勤於清理，並改善其運作效率和操作狀態，因此，增進操作員「擁有工廠」的意識非常重要。

TPM 是科學化的取向，要求公司上下每一位員工都去關心並維護設備的品質與效率，目的在於透過更有效率的維修管理，延長機械和設備使用年限；長遠的目標則是要整合製造與維修部門。團隊工作是 TPM 的重要元素。充分了解設備的每一個零件，有助於減少製造損失和成本（如六大損失—故障、組合調整、速度、閒置和短暫的中止、品質缺陷與起動），並在機械的使用年限中建立預防維修系統。TPM 重視操作員的技術與機械科技間的關係，並強調訓練和教育操作員清理、維修和調整他們所使用的機械。機械操作員的教育訓練由維修和工程部門的幕僚負責，如此一來，機械可以處於最理想、最有效率的運作狀態。先前所提到的 5S 就是 TPM 的重要活動，並能促成顯著的管理成效。

除了 QC 之外，日本公司的 TPM 循環運作也是由注重生產便利性的操作員和維修員工負責。

以電池製造公司為例，3 年的 TPM 計畫有以下 7 個重要步驟：

- 步驟 1：一開始的清潔；
- 步驟 2：解決問題的對策，減少灰塵和其他污染物累積；

- 步驟3：訂定維修、清潔和潤滑標準；
- 步驟4：一般性的檢查程序和排程表；
- 步驟5：自主性的檢查程序和排程表；
- 步驟6：整齊、井然有序；
- 步驟7：完全自主性維修。

　　當TPM的7個步驟都完成時，就在機械上貼一張TPM貼紙。這家公司實施TPM的目的是爲了要改善效率、品質、控制、並促進領班的能力。每一位員工都必須接受20個小時的TPM教育課程，至於操作部門的員工則每月領加班津貼，另投入8到10小時的TPM活動，以及製作訓練同儕的TPM研究單。該公司每兩年就會頒獎表揚最優良的點子。在兩班制的操作下，還能發揮百分之百效能的機械，將會有一顆銀星的榮耀。這家貫徹TPM的電池公司，電池極板製造線的機械效率提升20%，電池組裝線的效率則增加100%。

及時化生產

　　日本公司將及時管理視爲TQM的一項重要特質，因此在這裡特別提及JIT的發展始末。多數公司表示，他們的JIT制度還在每天發展的階段，一對一的生產每天都有長進。組織內所有階層執行JIT的目的是爲了要除去「七無用」（浪費，或無附加價值的部分）

- 生產過剩；
- 等　待；
- 搬　運；

- 動作；

- 製程本身；

- 庫存；

- 瑕疵。

及時化管理是為了要確保製造過程中的每一個動作，對於產品都能帶來附加價值。公司一般用來消除浪費的典型循環為：定義浪費、找到浪費的原因、進行改善、並將改善的動作標準化，以持續保有利得。

下列各點是目前日本公司還在發展JIT的主要因素：

客戶服務 JIT主要的目的不在於減少庫存，而是改善產品到客戶手上的過程；最重要的目標是降低浪費，其次是減少前置作業的時間。

選擇性使用 JIT並非適用於所有的產品和零件，因此日本公司會先檢視所有的製造項目，找出適合套用JIT的部分。例如，日本公司在檢視的過程中就發現，JIT不適用於半導體產品的生產。

TPM的重要性 TPM對於JIT的運作效果非常重要。

試驗性的計畫 在採行JIT時，必須選定一條生產線或裝配線做為實驗性生產線，將JIT發展並改良到一定程度，再推行到其他的生產或裝配區使用。

減少裝置時間 減少機械及製程的裝置時間。例如，電池製造廠的氧化鉛柵極在上裝配線之前，會有兩位操作員在上線的30分鐘之前改變鑄模；不過現在已經進步到只要一位作業員在1分鐘之前改變即可。

看板的選擇性使用 使用各種看板—卡片、小盒子、看板和指示燈。看板只在製造系統中的特定部分使用。

彈性供應鏈 這種生產系統有一個特性就是，如果B作業員的產品供應給A作業員，而A作業員的進度又落後於計劃表，B作業員就會停止手邊供應的工作，前去幫助A作業員趕進度。也就是說，有些人提供零件給

製造和組裝線，有些人做下游的生產線，並且在危機產生時扮演協助者的角色。

物流　有一家公司，其大多數的供應商與工廠之間有50到60公里遠的距離，有些較近，但也有更遠的。運送的次數會依品質和產品差異性，從每天、每兩天到每三天一次都有。

另一家公司則說，他們一天必須送三次貨物給原料設備製造商，而他們的供應商大概一天送兩次貨給他們。有一家公司向其供應商提供三個月的預估量，每天從供應商的生產線提貨和儲存部分的零件。有一家車用安全帶製造商說，「我們不管願不願意，都必須做豐田、日產和本田的JIT供應商」。歐洲汽車零件的供應商也有同感。

供應商喜歡在一天當中的某個特定時間送貨，並且以小卡車運送。通常，不同供應商的零件會以同一輛卡車運送，將成品送到客戶手中也是用這種方式。日本大城市的交通非常壅擠，當這麼多小卡車以頻繁的次數載著產品上路，更會讓交通癱瘓。古志（Koshi, 1989）認為，日本貨運運輸佔道路運輸量的43%，他建議產品運送改採地下運輸系統會更方便。

供應商稽核　有些貨品在交貨之前會先檢查，有些供應商則因為先前良好的品質紀錄，因此貨物直接從生產線送到客戶手中而未檢查。無論如何，通常一家公司會有一套自己的稽核制度，用以檢查供應商的品質制度、製造過程和部分品質。稽核的型態有3種—新供應商稽核、定期性稽核與緊急稽核。客戶每個月會從線上抽檢，一旦發現有不合格的貨品會退貨給供應商。客戶與供應商之間藉由電腦品質資訊系統經常進行意見交流，每一個月則召開一次提升供應商品品質的改善品質會議。值得一提的是，通常只有當產品不合規格時，才會要求供應商去研究控制表和製程能力數據。在歐洲常用的SPC，在日本反而看不到；日本公司只有在性能認證和遇到問題時，才會使用SPC。不使用SPC是持續改善有所進展的指標，如果一個組織的流程控制非常成功（製程能力指數Cpk超過3），繪圖

製表對他們而言是多此一舉。

雙重貨源 日本公司採單一和雙重貨源並用制,而且他們與供應商維持長久的合作關係。採取雙重貨源的原因不外乎客戶希望在處理供應商、QCD的競爭、維持競爭優勢和供應商能力時能更有彈性。通常,供應商的接單量愈大,他的QCD就必須做得愈好。誠如一位經理人所言,「當然,本田、豐田和日產這些日本大汽車製造廠的車用安全帶也是使用雙重貨源」。這三大車廠依產品性能、需求和排程而區分該向哪一家公司下單。

生產技術 日本公司和歐洲同業使用相當的機械和技術,但是,因為日本公司採用TPM、一分鐘換模法(Single Minute Exchange of Dies, SMED)來減少前置時間(詳見Shingo, 1985)、融合材料處理等,使得機械的效率和效果都遠勝歐洲公司。特別值得一提的是,日本的機械和設備都是舊機型。例如,某家公司有一台15年高齡的鑄造機,其部分生產系統改善來自於發展和使用便宜小型而量身訂製的設備,用來進行處理與轉換不同製程間的零件、製程本身、以及運用防弊設備等工作。總括來說,日本企業在巨額的投資中採用了現代化的生產空間配置,而不是僅靠著電腦輔助設計、製造以及模擬系統來獲得競爭優勢。

生產系統的發展 日本公司發展生產系統的方法如下:

- 產品和單元化佈置。日本公司偏好改變佈署來反映產品組合的變化。
- 使用混合模型的生產與組裝線。
- 採用周期性的輸送帶。
- 促進動作簡單、生產線流暢,工作站的作業員要站著。
- 大量投入心力於改善製造的數量、多樣化和產能,期能隨時配合銷售和生產計畫。多數組織會向供應商提出他們的年度或半年生產計畫,因此供應商可以在交貨的三個月前提前預備,並在一個月前擬

定更精確的交貨計劃。

- 在許多狀況下，人工比機械還快；當人力運作比機械還有效率和效益時，日本人會使用人力。

- 對於組裝的情形，日本人會把相關的工作集合在一起。

摘要

日本人實行TQM的經驗有許多值得學習之處：

- 全面品質管理仰賴有系統的研究，而這些研究又可運用於整個組織。

- 日本公司在TQM的成功並非一蹴可幾。西方的經理人一直在尋找全球通用的萬靈丹，想要從日本公司身上尋找特效藥，是對日本公司的不敬；他們的成功來自於結合流程、制度和工具的應用，改善行動和全體員工所投入的教育和付出的辛勤工作。

- 資深與中階主管必須相信TQM是重要的事業策略之一，並做好長期投入的準備，以確保TQM與其他策略能緊密結合。

- 必須有一個長期受到管理的程序，持續地檢視所有的產品、服務過程和措施，以降低成本，並且培養所有員工「永遠都有值得改善之處」的態度。秉持著戴明應用獎、MBNQA和EFQM等模式的準則，自我評鑑在確保持續贏得客戶的支持上，是無價的工具。

- 每一個人在其工作崗位上，必須負起品質保證的責任，品質保證的概念也必須融合貫徹到組織的每一個程序與功能。

- 改善計劃必須徹底。

- 改善是一個緩慢漸增的過程。公司在運用任何一項方法、制度、流程或工具與技術時，千萬不要期待一步登天。為了讓工作更有效率，品質管理工作和技術必須一起使用，特別是七項原創性的品質管理工具。

- TQM 的概念非常簡單，然而要想進一步提昇並對過程有所助益卻是一項艱難的任務，必須透過所有員工的參與。

- TQM 也可以說是一種常識，日本公司落實常識。他們有紀律地管理和運用常識。日本人做到了，而歐洲人卻還在說「常識不值得傳授教導」。

參考書目

Akao, Y. (ed.) 1991: *Hoshin Kanri: Deployment for Successful TQM*. Cambridge, Mass.: Productivity Press.

The Deming Prize Committee 1996: *The Deming Prize Guide for Overseas Companies*. Tokyo: Union of Japanese Scientists and Engineers.

Ishikawa, K. 1976: *Guide to Quality Control*. Tokyo: Japanese Productivity Association.

Koshi, M. 1989: Tokyo's traffic congestion can be unravelled. *The Japan Times*, 14 November, 5.

Mizuno, S. (ed.) 1988: *Management for Quality Improvement: The Seven QC Tools*. Cambridge, Mass.: Productivity Press.

Nakajima, S. 1988a: *Introduction to Total Productive Maintenance*. Cambridge, Mass.: Productivity Press.

—— 1988b: *TPM Development Program*. Cambridge, Mass.: Productivity Press.

Robinson, A. G. and Robinson, M. M. 1994: On the tabletop improvement experiments of Japan, *Production and Operations Management*, 3(3), 201–16.

Shingo, S. 1985: *A Revolution in Manufacturing; The SMED System.* Cambridge, Mass.: Productivity Press.
—— 1986: *Zero Quality Control: Source Inspection and the Poka-Yoke System.* Cambridge, Mass.: Productivity Press.

第十章

後記

　　在看完本書之後，讀者將能夠體會到全面品質管理的目的並非僅止於協助企業符合如ISO 9000等品質系統的標準，或是以特別的工具以及技術讓企業維持與重要客戶的商業往來。當企業不斷尋求改進與最好的運作方式、正確的態度、建立績效改善的認知、對於產品和服務以及改善的表現感到自豪、讓員工成爲關心工作內容的團隊之一分子以及提供客戶需要的服務及產品時，全面品質管理的實施正是他們最好的解答。換句話說，一家希望能讓所有員工都參與、時時自我改善並協助解決問題的企業，實施全面品質管理是他們美夢得以成眞的手段。透過創意思考、符合客戶要求、完全滿足客戶，並進一步建立客戶的忠誠，經理人就可以掌握全面品質管理的核心—了解並預期客戶的需求。

　　爲了要達成這些目標，資深經理人必須投入相當心力，創造一個有利於持續改善的組織氣氛。任何事物都不能停滯不前，當問題發生時，大規模的變化隨之而來在所難免；誠如馬基亞維利（Machiavelli）在君王論（The Prince）中提及：「我們應當牢記推動變革是世上最困難、最不易成功，也是最危險的事，……改革者是舊秩序中既得利益者的敵人，然而新秩序的擁護者卻只能給予微不足道的資助」。資深經理人必須有這樣的體認，在企業內部進行重大的變革，是他們須擔負的責任。

　　想要以品質取悅客戶，並建立客戶忠誠不但不是容易的工作，而且困難重重。企業必須投入時間、心力和資源；但相對地，企業在效率方面得到的回報也很顯著。另一方面，無法持續滿足客戶需求的公司，下場可能相當淒涼。TQM必須由高層經營團隊的積極投入來推動並挑戰組織的極限，但是在過程中加入某些通盤性的指導原則，會使得成功的機會大爲增加。

　　有些企業主管在研讀本書時，可能會刻意跳過後記，這相當可惜，因爲以下我們就要介紹資深經理人在致力發展TQM時，可以參考的幾項原則與活動。

資深經理人應採納的原則

1. 組織內的每一個員工應在其控制範圍內進行持續性改善，並且負起所屬工作的品保責任。
2. 每一個人都必須承諾去滿足其（內部和外部）客戶。
3. 團隊工作以多種形式執行。
4. 透過員工參與來培育員工
5. 企業必須擬定正式的教育與訓練計畫，並把這些計畫視為發展員工能力以及知識的投資，以協助員工充分了解與發揮自己的潛力。
6. 整合供應商與客戶融入品質改善的程序中。
7. 誠實、誠懇與關心是企業每日運作中不可或缺的核心部分。
8. 追求簡單的製程、系統、處理措施和工作指導。
9. 定期和持續關心 PDCA 循環。

資深主管用以鼓勵推行 TQM 的活動

1. 安排時間去了解 TQM 的概念、原則和計畫。
2. 確認 TQM 與組織的事業策略一致。
3. 負責提供改善過程中重要的投入，並成為一個學習的揩模。
4. 確認組織內的每一個人都能了解為何要採納 TQM，並知道他們在改善過程中扮演的角色。

5. 指導並鼓勵所屬主管,使他們的管理工作有利於TQM的推行;這通常意味著必須重新定義管理行為與風格。例如,以正面的態度看待問題與困難,並視之為改進的機會;擴展個人的知識與品質管理技能,並將所學落實於日常工作中,同時鼓勵其他人也能效法。

6. 承諾投入資源推行TQM。

7. 從頭到尾耐心傾聽員工的心聲,並且以身作則,就如同Milliken and Company的米利肯(Roger Milliken)說的:「坐而言,起而行」,以及「大家必須知道我們是認真的」。

8. 鼓勵彈性與創意。

9. 為持續改善的流程建立相關機制。

10. 確立主要的內外在成就評量工具,並認同改善的目標。

11. 每天撥出一些時間投入改善活動。

12. 不定期地親自處理顧客的抱怨。

13. 在固定範圍內巡視某些單位和部門。

14. 深入溝通。

15. 判斷由TQM所達成的進展。

引入組織變革以支持及發展TQM

1. 在事業規劃循環中安插政策佈署的程序。

2. 發展策略性品質計畫以達成事業部目標。

3. 成立並主持推動TQM委員會或品質研討會。

4. 在所有的會議中確保議題均涉及品質的特色。

5. 創造一個持續改善的環境,並使這樣的氣氛遍及每個部門。

6. 鼓勵參與、信任與員工發展，並認真傾聽員工的心聲。如 Manchester Circuits Ltd 的波爾生（Roy Polson）說的，「在員工身上植入品質」。

7. 促進團隊合作。

8. 促使進階的品質規劃、稽核與改善會議、以及組織內部環境的整頓均能制度化。

9. 確保突破派系主義的屏障並傾聽所有的意見。

10. 鼓勵晉升跨部門主管，以突破派系間的隔閡。

11. 為所有的員工建立正統的 TQM 教育訓練課程。

12. 確認與慶祝各項成就。

13. 設立標竿以協助改變工作態度，並建立良好的模範。

14. 主持員工意見討論會，並評量品質改進計畫的成效和進展。

全面品質管理主要的目的在於改變組織內部的文化，從高層主管到基層員工都必須包含在內，實質內涵包括改善每個人的工作態度與方法（例如與客戶交談的方式、如何處理顧客的抱怨、如何視察生產與運輸單位、如何進行走動式管理、如何評量品質改善的工作、品質計畫與會議的參與、參觀成效卓越的公司以交換想法等）。人際間的溝通是 TQM 成功的重要因素，而高層主管則是帶頭改進溝通的最佳人選。如同吉勒曼（Saul Gellerman）所說的：「對組織的績效而言，沒有一件事情比妥善地傳達正確、簡明、切中實際的資訊來得重要。如果人們不能清楚地知道別人的需求，那麼組織的各項優勢，包括規模經濟、財務與科技資源、多元化人才與人脈都將毫無價值。可惜的是，儘管溝通的重要性如此明顯而為大眾所公認，溝通程序往往受到誤解與未能加以適當地管理。」

在本書中，我們已經替資深主管清楚描繪出 TQM 的圖像，也詳盡地敘述主管展現決心的重要性。我們相信隨著資訊科技的發展、全球化的趨

勢和日趨複雜的產品與服務，對於品質的要求將永遠不會稍減。

你已經準備好迎接挑戰了嗎？

管理品質與人力資源

原　　　著／Barrie G. Dale等人

校　　　訂／林英峰

譯　　　者／李茂興・吳偉慈・林建江

執行編輯／黃碧釧

出　版　者／弘智文化事業有限公司

登　記　證／局版台業字第6263號

地　　　址／台北市丹陽街39號1樓

E - M a i l ／ hurngchi@ms39.hinet.net

電　　　話／（02）23959178・23671757

郵政劃撥／19467647　戶名：馮玉蘭

傳　　　眞／（02）23959913・23629917

發　行　人／邱一文

總　經　銷／旭昇圖書有限公司

地　　　址／台北縣中和市中山路2段352號2樓

電　　　話／（02）22451480

傳　　　眞／（02）22451479

製　　　版／信利印製有限公司

版　　　次／2001年9月初版一刷

定　　　價／300元

ISBN 957-0453-34-6

國家圖書館出版品預行編目資料

管理品質與人力資源 / Barrie G. Dale等原著
；李茂興，吳偉慈，林建江譯. -- 初版. --
臺北市：弘智文化，2001〔民90〕
　面：　　公分
譯自：Managing Quality and human
resources : a guide to continuous
improvement
　ISBN　957-0453-34-6（平裝）

1.人力資源 — 品質管理

494.3　　　　　　　　　　　　90011783